植物景观设计与表现研究

秦光霞 ◎著

四川科学技术出版社

图书在版编目（CIP）数据

植物景观设计与表现研究 / 秦光霞著 . -- 成都：四川科学技术出版社，2023.9（2024.7 重印）

ISBN 978-7-5727-1130-5

Ⅰ . ①植… Ⅱ . ①秦… Ⅲ . ①园林植物－景观设计－研究 Ⅳ . ① TU986.2

中国国家版本馆 CIP 数据核字（2023）第 178757 号

植物景观设计与表现研究

ZHIWU JINGGUAN SHEJI YU BIAOXIAN YANJIU

著　　者　秦光霞

出 品 人　程佳月

责任编辑　王　娇

助理编辑　吴　文

封面设计　星辰创意

责任出版　欧晓春

出版发行　四川科学技术出版社

成都市锦江区三色路 238 号 邮政编码 610023

官方微博 http://weibo.com/sckjcbs

官方微信公众号 sckjcbs

传真 028-86361756

成品尺寸　170 mm × 240 mm

印　　张　5.5

字　　数　110 千

印　　刷　三河市嵩川印刷有限公司

版　　次　2023 年 9 月第 1 版

印　　次　2024 年 7 月第 2 次印刷

定　　价　58.00 元

ISBN 978-7-5727-1130-5

邮　　购：成都市锦江区三色路 238 号新华之星 A 座 25 层　邮政编码：610023

电　　话：028-86361770

前言

植物是景观设计中的重要元素，有了美丽的植物，景观才会灵动。植物景观设计是运用生态学原理和美学原理，充分利用植物素材在园林中创造的各种不同空间、不同艺术效果和适宜人居环境的活动。植物景观设计要求，在了解每一种园林植物生物学特性的基础上，模拟自然群落设计出与园林规划设计思想、立意相一致的空间，创造不同的氛围体验。

植物景观设计既是意境营造艺术、视觉造型艺术，同时也是一门应用科学。一方面，它创造了现实生活的环境；另一方面，它又反映了强烈的情感表达，满足了人们精神方面的需要。植物景观设计在很大程度上讲就是园林植物的布局和造型设计。一个没有种植植物的园林失去了它作为园林艺术的根本所在，无法表达这个空间场所的意境。它是缺乏情感的，也缺乏生命力，难以引起人们共鸣。可见，园林植物在植物景观设计中的重要性。

基于此，本书对植物景观的设计与表现进行了探索。第一章对植物景观设计进行了简要概述，介绍了植物在景观设计中的功能。第二章对现代园林植物造景中的审美观进行了分析，并从美学和生态学两个角度出发对植物景观设计的原理进行了阐述。第三章对植物景观主要构成要素的设计进行了研究，主要包括乔木和灌木、草本花卉、草坪植物和地被植物的景观设计。第四章以城市植物景观为例对植物景观设计进行了探究，主要有居住区的植物景观设计和城市道路植物景观设计。第五章从植物景观的表现内容和表现技法两个层面对植物景观设计的表现方法展开了叙述。

本书采取理论结合实际的方式对植物景观设计进行了研究，希望本书的出版能够给植物景观设计的工作人员、研究人员和爱好者带来帮助。

CONTENTS 目录

第一章　绪论

第一节　植物景观设计的概述

作为一个拥有生命力的有机实体，园林植物有许多特殊的优势。它们能够吸引游人的注意力，还能适应各种环境，根据不同环境进行适当调整。园林植物能为游人的视觉效果增添丰富的层次感，从翠绿到鲜红，再到金黄，色彩斑斓，让人眼前一亮。此外，园林植物还能够和气候环境相结合，形成一幅幅美妙的画卷，如“雨打芭蕉”“踏雪寻梅”“高山雾凇”，让游人在观赏景色的时候，不仅能得到视觉上的满足，也能得到心灵上的满足。

一、植物景观设计的意义与作用

（一）调节人的身心

植物以其优美的形态、动人的线条、绚丽的颜色、迷人的芬芳构成了独特的景观，它们不仅可以作为独特的装饰，还可以和周围的环境要素相互配搭，营造出一种人与自然和谐统一的幽雅环境。随着社会经济的发展，城市里繁忙的生活节奏让许多城市居民倍感压力，渴望能够回归自然、放松身体，重新获取宁静和舒适。当人们置身于丰富的植物景观之中，顿时产生一种“返璞归真”的感觉，并且能够更加深入地探索大自然，获取更多的知识和智慧。此外，空气中的负离子浓度也会直接影响环境的整体状况，而一些植物可以释放出大量的负离子，对人的身心健康是有积极意义的。

（二）活化园林景观

在园林设计中，通常会使用各种形式的图案，这些图案包括匾额、楹联和刻石等，以此表达园林的意境。当这些图案与植物相结合时，可使整个园林的氛围更加丰富多彩。如在幽静的水体周围布置深绿色的密林、草坪，会让人倍感恬静和怡然自得；在纪念碑的周围种上整齐的柏类植物，就有令人肃然起敬之感；把公园的入口处装饰得花团锦簇，就增添了欢快活跃的气氛。

（三）丰富景观层次

植物一直被视为美丽和活力的表达，它们能够将城市环境变成一个温馨、宁静、充满活力的家园。植物的色彩可以调和建筑物的色彩，植物的形体也可衬托建筑物的形体，特别是在太阳光的照射下，植物斑驳的光影投射在建筑物的墙面上，使得建筑物产生了明与暗、虚与实的对比，显得生动而迷人。优秀的建筑设计人员需要深入理解“生长”的理念，选择合适的植被类型，使用恰当的搭配，才能营造完美的景观设计视觉效果。

（四）提供实用空间

乔木有浓荫，在炎炎夏日，它可以给人们提供阴凉。在人行道路两旁、居住区、公园、广场等行人所到之处，树木的浓荫让夏日室外的人们有舒适的空间，行道树形成的夹景和树木本身又构成了景观；藤本植物与花架结合同样给市民提供了可坐的、凉爽的休息空间。植物的实用功能充分体现了景观设计中“以人为本”的思想。

二、传统与现代园林中植物应用的比较

（一）传统园林中植物景观的创造

传统园林中植物的运用以拟人化、装饰性和陪衬性为主，以家庭、朋友为服务对象，观赏时间自由，可以在欣赏园景的同时，进行欣赏诗词、音乐、绘画和演出，或品茶等活动。

1. 拟人化

植物不仅具有多种颜色和清新的气味，还能在不同的自然环境中表现各种各样的形态，如风吹树枝、雨打树叶。

传统园林的造园者受到古代哲学思想的深刻影响，他们将视觉、嗅觉、听觉和触觉等感觉技巧运用到园林景观的设计中，使其拥有丰富的文化内涵，许多植物也因此被视为具有崇高的品德和精神境界的象征。比如“岁寒三友”：松树象征着坚韧不拔、永恒不变；竹子象征着谦逊、坚强、刚毅；梅花则象征着勇敢地抗争，不畏权贵，纯洁而坚定。它们的美丽以及文化内涵令人惊叹。

这些代表着不俗情志的植物备受人们青睐，成为创造意境不可或缺的景观元素。比如园篱种菊，便是取自陶渊明“采菊东篱下，悠然见南山”的诗意，以“花之隐逸者”的菊花托物言志，表达淡泊名利的情怀。总之，植物拟人化是中国传统园林的一大特色。

2. 诗情画意

山水画是中国的传统文化艺术遗产之一，这种绘画风格强调对景色的描绘，对许多领域的艺术创作都产生了巨大的影响，也对传统园林设计起到了极大的促进作用。它的特点是对景色的描绘非常细腻，能够营造出一种优美的氛围。它还能够融入建筑环境之中，展示出独特的风格。通过选择恰当的文字和图像，造园者可以创

作出富有感染力的植物造型，从而让人们感受到优美的氛围。

比如，在一些烈士纪念公园里，经常会栽培松柏等，以此来体现革命精神的长青不朽；有些造园者在自家后园种植红豆，以此来表达他们对亲人、朋友深深的关怀和思念。中国传统园林设计强调了环境、氛围和感受，这正是其独具匠心之处。

3. 用植物命名

在传统园林中，造园者喜欢用植物给建筑和园林景点命名。比如以一种轻松易懂的方式将“形、色、香、韵”作为植物景观的标志，这种方式既能让游客更好地理解这些美丽的自然风光，又能让游客更深入地领略这些美丽的自然元素中的文化内涵，从而更好地提升游客的体验。

如杭州西湖的“柳浪闻莺”就以“柳”来命名景点，这里广泛种植着各式各样的垂柳，湖面上的浪潮拍打着湖岸，湖风轻轻吹过，柳树的影子在湖面上晃动，犹如一幅幅优美的画卷。西湖西侧“曲院风荷”景点则是种植大量荷花，表达“接天莲叶无穷碧，映日荷花别样红”“出淤泥而不染，濯清涟而不妖”的美好景象和崇高理想，更加突出了这里的优美风光，令游客陶醉。

4. 植物形体造景

传统园林设计注重对环境的控制，植物搭配追求的是“咫尺山林”这种高度浓缩的自然式风光，采用适合近距离观赏的植物来造景，以便更好地捕捉周围的美丽。为了营造美丽的环境，造园者会注重植物的外部特征，如枝条的弯曲、树冠的外形、叶子的疏密以及表面的纹理。随着时代的发展，人们越来越重视木本植物的独特性，比如外观精致、颜色鲜艳、气味芬芳，这些特性使其更受造园者们的青睐。相比之下，草本植物的使用相对较少。

在传统的园林设计中，木本植物通过独立种植、搭配种植和组合种植等方式来造景。例如，岸边栽柳、水上放莲、移竹当窗、栽梅绕屋等。

（二）现代园林中植物景观的创造

1. 推崇园林生态化

现代园林的植物景观设计已经从单纯的庭院设计向更加丰富多彩的社会空间设计转型，其致力于营造出自然、美丽的风光，让人们感受到自然的魅力。随着人们越来越关注生活品质，现代园林植物景观设计也正在努力将自然元素与人文元素进行结合，以为人们提供更加宜人的环境体验。

生态园林主要是指以生态学原理为指导（如互惠共生、生态化、物种多样性、竞争、化学互感作用等）所建设的园林绿地系统。在这个系统中，乔木、灌木、草本植物和藤本植物被合理配置在一个群落中，种群间相互协调，有复合的层次和相宜的季相色彩。具有不同生态特性的植物各得其所，能够充分利用阳光、空气、土地、空间、养分、水分等，构成一个和谐、有序、稳定的组合。

2. 植物种类多样化

植物种类的多样化是园林景观多样化的基础。园林中物种单一则景观度低，对病虫害的防控能力弱，为动物及微生物提供的栖息环境相对较少。

现代园林设计越发关注植物的组合，以满足其多元的需求。与传统的自然风格形成鲜明的对比，现代的园林设计着眼于营造一个更加丰富的、协调的、健康的、富含活力的、可持续发展的环境。

3. 景观层次丰富化

现代园林设计重视“以人为本”“生态优先”的准则。对于植物配置，在满足植物生态要求的前提下，讲究色彩的搭配、形体的差异和季相的变化，给人带来不同时空的不同美景。其中，季相变化是植物对气候的一种特殊反应，是植物适应气候与环境的一种表现，例如，植物的季节性变化，春天的萌芽，夏天的茂盛，秋天的凋零，以及冬天的枯萎。

现代植物景观设计中，在造景的四大艺术原则——“统一、调和、均衡、韵律”的指导下，巧妙运用植物形态不同、季相不同等自然属性，创造出步移景异、时移景异的优美的、多样的时空植物景观序列。

4. 群落结构稳定化

现代植物景观设计强调利用生态学原理，建立多层次的群落结构，以便更加清晰直观地展现自然的特征。这种多层次的群落结构，既可以丰富景观的色彩，又可以提升其生态价值，从而使其更加稳固，更加具有可持续性。

多层次的植物群落结构旨在通过将不同类型的树种组成，如乔木、灌木、草本植物和藤本植物，以及它们在不同地理环境下的交叉作用，来实现对自然环境的优化。通过精心设计的层次关系，可以让景观变得更加多彩多姿，也能增加植被的多样性，从而达到更好的视觉功能。

第二节　植物在景观设计中的功能

在园林景观设计中，植物被视为一种充满生机的重要组成部分，不仅是装饰美化材料，还具有多重功能。植物通过其独特的外形、颜色等，可以更好地展现环境，可以与建筑和谐共处，从而体现其独一无二的艺术魅力。

一、植物的生态环境功能

植物对于城市生态环境的重要性无可置疑，它们能够有效地净化空气、抑制灰尘、调节湿度、抵御风暴、蓄水防洪，维持生态系统的稳定性，达到改善生态环境的效果。

（一）调节小气候

小气候是一种独特的气候状况。在园林中，如建筑物的南侧、防风林的背风面、树林的深处、花坛的周围等地方都具有小气候。因此，在景观设计时，应该充分考虑当地的气候条件以及人们的需求，以便选择最适宜的植物种类，创造出最符合园林场地需求的小气候环境。

1. 调节风的速度与方向

植物可以利用其特殊功能，如阻挡、引导、转向和渗透等方式，有效地调节风的速度及其方向。其影响程度由植物的高度、形态、质地及种植方式所决定。例如，树木的品类、株型、叶片的数量、分布状况以及栽培的顺序，均会对风的强弱产生影响。通过种植常青的针叶树可以减慢风速，而种植落叶的乔灌木则能更有效地抑制强风。

在防风林的下风向防风效果最佳，因此防风林宜设在保护区的上风向，而且防风林带的方向应与主风方向垂直。其树种宜选择抗风力强、生长快且生长期长的树种，如东北、华北的防风林树种常用杨树、柳树、榆树、白蜡树、松树、柏树等。

一些常见的植物排布设计可以通过调整风的速度和方向来改变环境，例如密林、林带、花架、花廊、绿篱和绿墙。

2. 控制光照强度与调整温湿度

植物有助于降低室内温度，同时树冠对阳光的直接遮挡可以显著降低树下及周边空间的温度和生理等效温度，这样一来，整个室内都会变得更凉爽。此外，植物也会利用自身的蒸腾作用，大量从周围环境中吸热，降低周围环境的温度，增加空气湿度。在炎热的夏季，绿色植被的存在起着改善城市小气候状况，提高城市居民生活环境舒适度的作用，可谓大有裨益。

植物的生长状况、叶片分布、冠径尺寸、外观变化、栽培深浅，都会直接或间接地影响着植物对光照强度的影响及阴凉空间的效果。在榕树林中，清新的气息会让人们感受到无比的清爽；而在冠小、叶稀疏的棕榈树下，阴凉效果要逊色许多。

植物种类的多样性为改善景观环境设计提供了重要的支持，从树林、花园、藤蔓、庭院树木到林间小径，都能为人们带来舒适的环境。

3. 其他防护作用

在地震发生较多的城市（地震容易造成次生火灾），以及烧烤区、易燃易爆的工厂防火区等，可用不易燃烧的树种做隔离带，既起到美化作用又有防火功能。防火效果较好的树种有：珊瑚树、棕榈、苏铁、女贞、银杏、八角金盘等。此外，栎属的树木种植成一定结构的林带，具有防放射性物质辐射的作用；在多雪地带可以用树林形成防雪林带；在沿海地区可种植防海潮和海雾的林带。

（二）植物的工程功能

植物的工程功能，如保护环境、减少噪声、指引交通等，以此建造的植物景观使得城市绿化更加美观。根据不同的需求，可以采取相应的植物配置方案。

1. 保护环境

植物具有独特的形态、特征、功能，可以抵御自然界的洪涝灾害，同时也可以维护树林的生态平衡；不仅可以增强涵养水源和抗洪的能力，还能够更好地保护土地安全。在斜坡的表面上种植草坪，能够有效地阻挡泥土的流失，因为草坪的根部会形成一个细密的网络，提高土地的稳定性。

在园林设计中为涵养水土，可选择树冠高大、郁闭度大、截流雨量能力强、耐阴性强、生长稳定，能形成富于吸水性落叶层的树种。从树木落叶来说，土壤表面覆盖有树叶、松针等，可增加土壤吸收水分的速度；从树木根系来说，根系深广且须根多可加强固土作用，有利于水分渗入土壤下层。如柳树、枫杨、水杉、侧柏、胡枝子等树种根系较深，保持水土效果较好。

2. 减少噪声

在快节奏的城市里，许多人都希望寻找一片宁静的地方。种植植物其实就是减少噪声的切实可行的办法。当声波到达植物的顶端时，能被枝叶不定向反射和吸收。由此，我们可以在城市里的街道两侧种植各式各样的植物，形成绿化林带、绿篱，从而降低周围噪声的干扰。当植物的覆盖面积足够广、覆盖率足够高、枝叶足够茂盛，就可以获得良好的降噪效果。此外，将乔灌木混搭在一起的树林可以达到最优的减噪作用。较好的减噪隔音树种包括雪松、桧柏、龙柏、水杉、二球悬铃木、梧桐、云杉、香樟等。

3. 指引交通

成列种植的行道树或绿篱绿墙有着很强的导向作用，可引导车辆或行人前进的方向。

植物类型的选择和种植方式会对交通产生影响。在高速公路和城市快速路上，适当的绿化隔离带有助于提升驾驶者的视觉效果，减少眩晕感，并且能够减少对面车辆的干扰。绿化隔离带应该根据实际情况进行设计，包括合理的宽度、适当的高度和种植间距。

植物在交通导向和分流方面发挥着重要作用：在电瓶车和自行车行驶的主要道路上，植物种植应当稀疏，而在行人步行的路段，则应当密集种植，以增加景观的美感；在主景区和次景区的分流路口，可以通过调整道路宽度和增加景观的可视性，来实现有效的交通导向和分流。

二、植物的美学功能

植物在景观设计中扮演着多重角色，其不仅可以修饰空间，构建空间序列，阻挡视线，增强私密性，还具有许多独特的美学功能。

（一）植物的观赏特性

透过五大感官——眼、耳、鼻、舌、身的感觉，来体验和探索园林植物的魅力，这种体验不仅能让人们获得精神上的满足，还能让人们的思维更加敏锐，更能让人们的情绪更加丰富多彩。

植物景观的观赏可以按照以下顺序进行：首先是通过视觉感受它们的外观和颜色，然后头脑会对景观产生印象，并通过心理反应来激发人们的内心情感，从而带来不同的心理体验，使人们在身体和心理上都感到舒适和快乐，从而提高人们的精神境界。

园林植物具有独特的体量和姿态，就像音乐中的音符，绘画中的色彩、线条、形体，用情感表现的语言传达出丰富的情感，从而让人们感受到它们的美丽。造园者应该努力去理解和体验植物景观的语言，并研究它们如何影响人们的心理和生理需求，以便创造出具有美感的植物景观。

1. 植物的体量

植物的体量对园林的整体美感有着直接的影响，因此，在选择植物景观材料时，应该优先考虑它们的美观程度，而其他的特征则应根据预先确定的数量进行选择。

（1）大中型乔木

8 m 或更高的树木被称为大中型乔木，树种包括雪松、香樟、广玉兰、枫香树、榕树、乌桕、银杏等。大中型乔木是构成园林空间的基本结构和骨架。通常情况下，选择合适的树木会使整个景观更加优雅。同时，由于体量高大，在景观设计中，如果应用上榕树、凤凰木等花美姿好者，将起到单体点景或成林的效果。

（2）小乔木和大灌木

小乔木和大灌木的高度在 3 ~ 8 m，例如桃、梅、李、石榴、夹竹桃、海棠、木槿等，它们的高度与人类的仰视视角相近，因此成为城市园林空间的主要树种。常用于划分景观、限制空间和围绕中心，以确定视线焦点和构图中心。

由于小乔木的分支点较低，它们在垂直面上的作用就是将较小的空间划分为较窄的区域，而这些区域的封闭性也会因此而变得更加紧张。比如，当桃、油茶的分支点较低时，它们的树冠会在顶部形成一个较为紧凑的区域，而且还能作为出入口影响人们的通行。由于小乔木树苗的生长速度较快，它们能在较为安静的环境中繁衍，让周围的环境变得温馨舒适。狭冠的乔木如柏类常近距离列植，形成屏障、高篱或背景，效果极好。

通过种植大型灌木可以有效地将空间围合起来，阻挡视线，为组织私密的活动空间提供最佳的效果。例如，珊瑚树可以有效地阻挡厕所、垃圾桶等不良视线，并将园林景区分割开来。因为大型灌木有着落叶和常绿的特点，所以在设计时应该注意它们的颜色和搭配。

树种的选择对于建筑的美学来说至关重要。尤其是小型树种，它们的生长速度快，而且具有独特的季相变化。它们的美丽不仅局限于形态，还可以吸引游客的注意力，所以，它们经常成为建筑的重要组成部分，并且可以成为建筑的亮点。

（3）中小灌木

大多数中小型灌木的高度介于 0.5 ~ 2 m，如山茶、杜鹃、栀子和黄杨等。它们的生长方式非常友好，可用来建造矮墙、围栏和防护网。

中小型灌木是目前常见的景观树，它们一般种植在街边，具有不影响行人视线、又能将行人限制在人行道上的优点。此外，它们还可以和周围的建筑物相呼应，给整个景观带来更多的层次和美观。中小型灌木的体量较小，通常用作辅材，因此在设计时需要注意保持整体感。

（4）地被植物

“地被”一词涵盖了各种小型草、灌木和藤蔓类植物，例如麦冬、红花酢浆草、爬行卫矛等，它们可以为建筑绿化的打造提供帮助。

地被植物的空间功能特征表现为：对人们的视线及活动不会产生任何屏蔽及障碍作用，还能指引人们的行走方向，暗示空间的边界，使空间的立面和平面之间形成自然的连接，将多个独立的元素融合为一个完整的整体。

地被植物，无论是色叶植物或开花草本植物，都有着丰富的美感。它们不仅为人们带来了一种审美的享受，还为建筑设计提供了一种新颖的空间结合。这些植物的外貌和纹理，更加凸显了它们的质感，使得它们更加具有吸引力。

地被植物还为那些不适宜种植草皮或其他植物的环境提供更多的生长空间。地被植物的合理种植场所主要是在楼房附近，这样可以避免除草机的侵扰，也可以让其在阴暗的角落里得到更好的生长。

总之，植物的体量是景观设计的基础，而植物的特征则可以丰富景观的细节和情调。因此在景观设计中，应该优先考虑植物的体量，再根据其特点进行选择。

2. 植物的姿态

在园林植物景观中，植物的姿态可以被视为它们的独特魅力。这种魅力可以通过它们的外表和生长方式得到展示，包括直立的、弯曲的、高耸的、扁平的、圆滚滚的、半月状的、椭圆的、悬挂的、蔓延的，等等。随着生长时期的变化和外部环境的改变，一些植物的外观也会发生巨大的变化，比如，白皮松幼年呈圆锥形，老年姿态奇特。

植物的姿态是一种独特的艺术形式，能够给人们带来丰富的视觉体验，因此，从视觉心理学的原理出发，对园林植物的姿态在景观中的应用进行分类介绍。

（1）垂直向上型

意杨、圆柏、桧柏、云杉、雪松、南洋杉以及钻天杨，这些都是具有明显垂直生长特征的树种。

这种特殊的植物拥有垂直的结构，一部分紧贴着大地，另一部分则可以随意移动，呈现一种不断攀登的姿态，让人们看到的不仅只是它的身躯，还能给周围的环境带来更加丰富的层次感和立体的美，使人们产生一种超过实际高度的感觉。在街边、在公园里，按照一定的顺序栽培此类型树木，可以营造一个统一的氛围。但当采用自然的单独栽培或者组合栽培，尤其是与低矮的圆形植物组合栽培，会因形态的规整和方向的对比强烈更加吸引人们的目光。

垂直向上型植物在自然环境中显得格外醒目，但如果使用过多，可能会导致强烈的视觉跳跃感，因此应当谨慎使用。

（2）水平展开型

水平展开型的植物包括：匍匐形的灌木，例如铺地柏、沙地柏、偃松等；藤本植物，例如扶芳藤、地锦等；草本植物，例如蟛蜞菊、过路黄等；丛生状植物，例如凤尾丝兰、金钟等。这种植物的特点是它们会朝着水平的方向生长，它们的造型可以让人的视线看到更大的空间，并且引导视线沿水平方向移动。由于它们能够在视觉上与周围的环境相互连接，因此其在园林设计中被广泛使用。

水平展开型植物可以与平坦的地形、宽阔的地平线以及低矮的建筑物形成完美的呼应，其搭配可以营造出一种强烈的对比；将其与山石结合在一起，让其自由攀爬，给人一种宁静而又充满活力的自然之美。

（3）垂枝型

垂枝型的植物，如垂柳、龙爪槐、迎春花等，都是极为优美的造景元素。它们的枝叶柔和，犹如美丽的水墨山水，让人眼前一亮。此外，由于垂枝型植物随风飘扬的姿态颇具观赏性，而且下垂的枝条引力向下，能起到将视线引向地面，使景观构图重心更稳，让人感受到自然的美丽。

为了更好地展示植物的美丽，垂枝型植物通常被种植在地势较高的地方，比如水岸边、花台、挡土墙等。较高的地势能让它们的枝条垂直向下，形成视觉焦点。例如，垂枝碧桃可以种植在水池边，让人感到温馨；垂枝桦的叶子和白色的树皮可以用来装饰墓园，表达悲伤的情绪；而在空旷的草坪上或花坛中孤植一株龙爪槐已成常景。

（4）无方向型

无方向型植物是园林中常见的景观元素，它们的树冠近似球形，在引导视线方面没有明显的方向性，可以很好地融入其他树种，使得整个景观更加协调美观。无方向型植物包括馒头柳、黄杨、桂花、榕树、鹅掌楸、香樟、合欢等。这种植物具有优美的外形和强烈的装饰效果，通常被种植在门前、路口或者孤植草坪和桥头。

（5）特殊型

特殊型植物的形态非常奇特，姿态各异。例如，黄山松经过多年的风吹日晒，形成了一种特殊的扯旗形。同样，一些在特定环境中生长多年的古树也呈现不规则的歪曲、扭曲或旋转等姿态。这种植物通常当作视线焦点，孤植独赏。

虽然植物的外貌多种多样，很难精细区分，但其外貌依旧具备特有的美感。当一个植物组合成一个“消失”的图案时，它的独立美感就变得尤为突出。为了让这个图案看起来栩栩如生，我们需要把它的结构和功能结合到一个图案中，让它的“点”“线”“面”的特征能够清晰可见。比如，我们可以将几个黄杨球种植在一片草坪中，这样就能够让这片原本宁静的土壤变得生机勃勃。

植物的姿态对于景观设计来说至关重要，它们能够增强地形的变化，通过适当的安排，特别是在水边或者群植的情况下，更能够创造出韵律和层次感。

（二）植物的美学作用

植物能够在空间中协调统一园林环境中的各种元素，突出或强调景观中的特色，减少建筑物的单调乏味，从而达到良好的美学效果。

1. 完善与统一

植物可以将建筑、街景、景观元素的特征、轮廓、颜色、纹理、细节、节奏、质感、结构、功能性、美感等有效地结合起来，营造出一个协调的景观，从而达到统一的美学效果。比如，在长沙烈士公园的南北轴线构图上，龙柏、黑松、雪松的组合排布在轴线两边，给人以一股庄重的气息，使得整个景观更加美观。此外，长廊上的纪念亭则是由红枫、黑松、海棠、桂花等组合组成，它们的颜色搭配犹如一幅艳丽的绘画，令人拍案叫绝。草坪和地被植物可以有效地将景观元素融合在一起，使其更加协调美观。例如，在几棵雪松树的基础上，可种植一些杜鹃或麦冬，形成一种视觉平衡，增强园林景观的整体美，使其更加完美地融入景观的构图之中。

2. 强调与识别作用

利用植物独特的外观、体量、姿态和质地，以及运用各种园林艺术规则，强调园林空间的特点，从而达到更加突出园林景观主题、清晰区分特定场所的目的。

植物在突出景观主题方面是一种非常有效的手段。苏州古典园林中的许多景点都以植物为主题，并以它们的名字命名。例如，拙政园的嘉实亭，周围遍植了梅和枇杷，展现了果实生长和成熟的自然过程，表达了造园者对大自然的热爱和向往。

在现代住宅区和城市街道上，植物的观赏价值非常重要。为了突出建筑和街道的个性，提升其辨识度，一种常见的方法就是在视线转折处、交叉口、建筑入口、花坛中心和公园入口等地方，种植一棵红枫树或两棵雪松树，或设置一个草坪花坛，这样可以增加这些场所的显眼性和可识别性。

3. 软化作用

植物在建筑物生硬的线条与粗糙的质地前，能够改善其外观，使其看上去更加柔和，不再那么呆板。它们还能给建筑物增添季节性和时间感，让建筑物更加生动，更有人情味，更具吸引力。

如果在建筑物的外墙栽培龙柏、垂叶榕、紫藤、迎春花、绿萝、铺地柏和爬行卫矛等，可以让建筑物的外形变得柔和，同时也为整个环境增添色彩，让它变得美丽和生机勃勃。

第二章 植物景观设计的审美观与设计原理

第一节 现代园林植物造景中的审美观

为了让植物景观给人们带来更好的生活体验，在设计园林时，恰当的植物搭配是非常关键的。通过精确的搭配，可以让园林的风光四季如春，山、水、建筑充满生机，同时展示出造园者的个人风格和审美。中国的历史、文化和艺术深深地影响了中国园林的创作精神，它们构筑了中国独特的园林审美理念。

一、传统自然审美观的继承

中国传统文化深植于自然之中，形成了独特的自然审美观。人们对自然的态度经历了从最初的恐惧、崇拜、反抗，到尊重、欣赏、探索，再到逐渐实现人与自然和谐共处的历史过程。

随着现代城市居民的生活方式越来越多元化，人们对重新回归大自然的渴望也越来越强烈。中国古典园林植物景观的设计，以传统自然审美观为基础，在有限的空间内巧妙地再现大自然的美，从而表达出丰富的民族文化精神和人文精神。传统自然审美观对现代植物造景依然有着重要的指导意义。

植物是一种具有生命力的生物，它们能够通过其独特的形态和结构来影响人类的思维。它们在不同的季节里展示出各种各样的姿态，一年四季都在不断地变化，呈现丰富多彩的景观。这些植物都是大自然美的象征。现代植物造景技术不仅能够模仿自然，而且还能将其融入城市的人工环境，从而让居民感受到身心的愉悦。

随着社会的进步，越来越多的人开始重视植物景观设计，重视大自然。他们不仅要求植物景观设计新颖、独特、充满创意，而且要求能从根源上去探索、挖掘大自然，从而把握大自然所蕴藏的真正价值，给人们带去一种独特的感受。

二、传统生态审美观的发展

（一）人与自然和谐共处

目前，生态园林已成为世界园林发展的主流。它强调人与自然之间的和谐共存，并且引入了传统的生态审美智慧，以此来提升人们对大自然的认知。

传统的生态审美深深地影响着现代园林景观设计的理念。我们必须将其纳入现代的视野，并且要求在现代社会的背景下，更加全面、系统、深入地进行研究，从而实现建设健康、绿色、宜居、有序的现代城市。

现代植物景观设计必须兼顾视觉、情感、实用性，并且符合当今社会的发展趋势，即实施有效的生态环境管控、重塑自然的原始风貌以实现可持续发展。我们必须坚持以生态审美的原则，尊重自然，把自然作为人类平等交流的对象，在与自然的交融同化中获得自由和快乐。

（二）自然生态美与人文生态美并重

在日常生活中，我们离不开物质资源，包括食物、衣服、住宅等。在心灵世界中，我们更需要精神力量，即包括自然科学、艺术、思想、宗教信仰等。在园林植物景观的设计和建造上，不仅能够满足人们对美好环境的基本需求，还能够让游客体验到大自然的灵性，从而获得心灵上的满足。例如，传统的古典园林植物景观的优雅气息，正好体现出这种审美的魅力。

三、对传统审美观的补充

古人造园，不会直接介入自然，而是将自然加以概括和浓缩后，在高墙封闭的私园中再现自然。传统植物造景注重个体的自足性，以单个封闭庭院为单位进行安排，师法天地造化，故有“咫尺山林”的说法，宛如中国山水盆景，适合小规模和小尺度的空间，从而产生诸如“小中见大”“以少胜多”的造园艺术，使人足不出户就可以体会到自然之美。但传统造园艺术在处理大的空间时，就稍显力不从心。

随着时代的进步，人们对城市环境的理解也越来越深刻。现代园林植物的设计不再局限于传统的私家庭院，而是注重整体环境的美感，努力营造出与自然和谐的氛围。现代园林植物景观应当以开放的态势呈现，避免建造高墙；充分利用自然地形，以“大园林”的特色为基础，构建“城市在花园中”的景观模式，以此来展示人与自然之间和谐共存的关系。

此外，传统的园林植物景观强调的不仅是深邃的意境，还有复杂的层次，它们的设计注重的不仅是曲径通幽、曲折多变、诗情画意，还有对宁静、清新、淡泊的感受，它们的审美情趣也被概括成了蕴藉、优雅的风格。然而，在当今这个快速、繁忙的社会中，植物景观的设计往往会被视作一种大型的、宏伟的艺术。

综上，现代园林植物造景中的审美观与传统审美观具有共通性和连续性，在继承和发扬传统的基础上，又增添了新的内容。

第二节　美学原理

优秀的植物景观设计旨在营造自然和谐的氛围，以便让游客感受到自然的魅力，并且能够在欣赏中获得愉悦。

一、植物景观形式美的设计要素

（一）形貌

植物景观的特征可以从三个方面来描述，即细部形貌、个体形貌和群体形貌。

1. 细部形貌

细部形貌主要包括植物的五个不同部位：花、叶、果、干、枝。其中，花是指植物的花冠和花序；叶是指植物的叶尖、叶基及叶缘；果是指植物果实的形状和质地；干形有直立茎、平卧茎、匍匐茎、攀缘茎、缠绕茎等；枝形有单轴式分枝、假二叉分枝、合轴式分枝等，根据分枝角度有直立、斜立、平展和下垂等。

2. 个体形貌

个体形貌主要由植物个体的树冠、形体、特征以及其他因素共同决定。例如，常见的乔木可以呈现柱状、塔状、圆锥状、伞状、圆球状、半圆状、卵状、倒卵状等不同的形态。一些植物经过修剪，可以呈现“花雕”或“绿雕”的形态，比如动物、人物、器物、建筑物、文字和标志等。

3. 群体形貌

群体形貌指由多种植物组成的景观所展现的独特的外观特征，给人以不同的视觉冲击：有的庄严典雅，有的柔和细腻，有的粗犷豪放，有的野性十足，给人以无穷的惊喜。

（二）色彩

色彩是植物美的关键元素，它能够激发生命力，给人以直观而强烈的印象，令人难以忘怀。

绿色：大自然中最美丽的颜色，它让人想起草原、树林，象征着生命的活力、自由、和平与宁静，让人感受到无限的希望。

红色：象征着无限的可能性，它拥有强大的活力，让人感到温暖，可以激发出无限的热情，激励人们不断前行。

黄色：一种令人欢欣鼓舞的颜色，温暖而又充满活力。它代表着光明，犹如灿烂的阳光，也蕴含着温馨的气息。

蓝色：往往与平静、寒冷、阴影相联系，同时还带有肃穆的心理联想。

橙色：一种温暖而充满喜悦的颜色，它能让人想起橘子、稻谷和其他美味的食物，象征着力量、充实、坚定和胜利，给人以甜蜜和亲切的感觉。

紫色：一种神秘的颜色，它既冷艳又温柔，给人宁静的感觉，让人感受到虔诚的气息。它在大自然中也是一种非常珍贵的颜色，给人高贵的感觉。

植物的色彩多种多样，从花朵到叶子，从果实到整株植物，每一种色彩都有其独特的魅力。随着科学技术的进步，人们可以通过基因控制来“创造”出自然界不存在的花色、叶色、果色，甚至可以创造某种特定颜色的整株植物。

（三）线条

植物的线条主要包括林缘线、林冠线、异质体的界面线等。一般来说，直线给人以力量、稳定、刚强之感。例如，白杨树的叶子形状笔直，象征着坚韧不拔的精神。欧洲的园林设计注重细节，各种边缘线修剪整齐，通过使用对称、平衡、有条理的方法来营造出完美的景观。在花坛周围，可以使用精心设计的几何型、规律型的花篱，来增强视觉效果。

所谓林缘线，是指树林或树丛、花木边缘上的树冠垂直投影于地面的连接线，是植物配置在平面构图上的反映，是植物空间划分的重要手段。精心的林缘线设计能够为室内环境带来更加丰富的内涵。从宏观的角度来看，人们可以利用一片林缘线构建一个“套间”，这样的室内环境既有宽敞的空间，又有柔和的光照，让参观者有一种“别有洞天”的美妙体验。

所谓林冠线，是指树林或树丛空间立面构图的轮廓线。林冠线是一种独特的景观构图，它可以帮助人们更好地理解周围的环境，更好地捕捉周围的景色，还可以帮助人们更好地控制自己的视野。不同高度的树木会形成不同的林冠线，这些林冠线会对人们的观赏体验产生重要的影响。当树木的高度超出人们的视线，或者树冠的层次阻挡了视线，就会让人感觉到一片阴暗；而当树木的高度低于人们的视线，就会让人感觉到宽广的空间。

（四）声音

“声音”描述的是植物在遭受风、雨、雷等外力的影响时，其枝叶会发出各种不同的声音，其中最引人注目的莫过于林涛之声。当狂风呼啸而过，树林中的枝叶会被卷起，发出一阵阵澎湃之声，有时像千军万马呼啸奔驰，有时像潺潺流水，绵延不绝。轻风拂过，带来了植物的清脆声音，有些凄凉、有些清远，就像天籁般的声音。

风声在园林中的运用十分普遍，如南梁刘孝先有诗云：“竹风声若雨，山虫听似蝉。”又如苏州拙政园的“松风水阁”，内有匾额书云：“一亭秋月啸松风。”

雨声在园林中的使用也十分广泛，比如拙政园的“听雨轩”，它的一面种满了碧绿的荷花，而另一面则种满了翠绿的竹子和芭蕉。每当下雨时，雨点落在植物的叶上，再配合着聆听人当时的心境，就会形成一幅美丽的画卷，境界绝妙，别有韵味。

（五）季相

随着季节的不同，植物的个体也会出现相应变化。春日鲜花似锦，夏日绿荫蔽日，秋日硕果累累，冬日枝干苍劲，每一季节都有其独特的美感，从而构筑出一幅“春风又绿江南岸”与“霜叶红于二月花”完美结合的园林风光。在中国的传统园林里，使用植物的季相来布置园林非常普遍。以拙政园为例，园内有春景如“海棠春坞”，夏景如“荷风四面亭”，秋景如“待霜亭”，冬景如“雪香云蔚亭”。

利用四季不同的温度、湿度、风向、光照等多种因素，中国古老的植物造园艺术可以为人们提供丰富多彩的视觉效果盛宴，从而展示出大自然的奇妙之美。清代陈淏子《花镜·自序》描述了一个多彩多姿的园林，春日“海棠红媚”，夏日“榴花烘天”，秋日“霞升枫柏”，冬日“蜡瓣舒香”，每一个季节都有着美丽的景致，这种多样的景致，正是由于植物的存在，使得园林的美丽变得更加完整。安徽唐模檀干园镜亭之联所书的“桃露春浓、荷云夏净、桂风秋馥、梅雪冬妍”，既展示出园林春夏秋冬的美丽变化，更体现了大自然中露、云、风、雪的无限神韵，令人叹为观止。

在园林景观的设计中，应考虑植物的季相，关注不同的植物群落，包括单株、数株、成丛、成林以及周围的环境，还需要通过精心挑选和合理布局来创造各具特色的季节性景观。季相景观的形成，一方面在于植物种类的选择；另一方面在于配置方法，尤其要注重那些比较丰富多样的优美季相。例如，中山公园的牡丹、香山的红叶、满觉陇的桂花、孤山的梅花，都能让游客体验不一样的景色。这种季节性的变化，不仅能让景观更加丰富多彩，也能让游客更加深入地了解当地的风土民情。

二、植物景观形式美的设计原理

在营造精致植物景观的同时，必须精心搭配各种元素，以便将其中的精髓完整地呈现出来，包括但不限于植物的外表、颜色、纹理、质感等，以及它们在不同时间段内的变换，以此营造出具有灵性的、富有表现力的视觉效果。在此，一些园林造型的艺术原理有着广泛的适用性，主要表现在以下方面。

（一）多样与统一

植物景观设计的核心原则是多样与统一。在设计过程中，植物的外观、颜色、线条、质地和相互组合都应有所变化，在展现差异性的同时保持植物景观的一致性，以达到统一的效果。一致性的程度不同，统一感的强弱也不同。在追求和谐与完美的园林景观中，统一本身就是一种美。

在园林植物景观中，多样表现为植物本身的多样性，及其与周围环境的和谐共存。这种和谐共存的关键在于植物的协调配置，它们能够使景观更加完美，也能够使周围的环境更加和谐统一。

（二）对比与调和

“调和”的设计理念是利用不同的颜色、外形、纹理、重量、结构以及其他元素，营造一种独特的、富有魅力的景象，从而唤起游客的审美情趣。如果没有鲜明的对比，那么整个画面将显得不够丰富，但如果不协调，就容易失去静谧安逸的氛围。二者是对立又统一的两个方面。比如通过在河岸种植柳树，我们可以将河岸的景观和河床的景观相结合，创造出一种独特的视觉效果。无论景观的外观有多么复杂，只要使用适当的颜色和材料，就可以达到和谐的效果。

（三）均衡与稳定

通过运用均衡的方法，我们可以创建出一个美丽的园林。平衡可以通过选择合适的植物来实现，这些植物的大小、颜色、特征都可以相互协调，从而营造出一个平衡的环境。这样的平衡能够让游客感到舒适，并且能够让游客从中获益。为了营造出这种氛围，我们应该考虑使用与之相协调的均衡来实现这个目的。例如，可以选择将两株玉兰放置于大门的两侧，这样就能使整个景观看起来稳定而有条理；还可以尝试在自然式园路的两旁一边种植一株体量较大的乔木，另一边种植数量较多而体量较小的灌木，以求得自然的均衡感和稳定感。

（四）韵律与节奏

通过对植物的精心设计，我们能够创建具有韵律感的美丽景观，避免单调。例如，路边连续较长的带状花坛，若没有适当的变化，它的整体外观很容易显得枯燥乏味；如果将其连续不断的形象打破，改为大小花坛交替出现，就会使植物景观充满丰富的节奏和韵律。在植物造景中，通过简单的设计，如排列、交替、渐变，或者更加复杂的形式，我们可以创造出一种富有节奏变化的构图，形成高低起伏、疏密相间的美感。

（五）比例与尺度

在园林设计中，比例和尺度是非常关键的。尤其是对于拥有生命力的植物来说，这些比例和尺度的把握尤为重要。不同的植物之间，植物与周围环境之间以及植物与观赏者之间都需要考虑这些因素。比例和尺度的选择对于植物景观的美学和观赏者的视觉体验至关重要，比例和尺度的和谐关系构成了一种完美的美学规律。

需要强调的是，由于植物的种类和数量很多，它们的外观也可能因为环境的改变而发生改动。如果想让植物的比例和大小保持合理，就需要对植物的选择和种类进行精心的控制。为了达到最佳的效果，造园者不仅需要仔细研究植物的生长习性，以便根据当地的环境条件来挑选合适的植物，还应充分发挥植物的潜力，采取适当的措施来完善和改善植物的美观度。

三、植物景观的意境美

在中国，意境一直被视为是一种独特的美学形式，并在园林艺术的创作过程中得到了充分的展示。“意境”指的是一种超越现实的状态，由“情”“景”组成。通过两者相互联系，使得观赏者能够体会到一种令人欣喜的氛围，获得在精神层面更深刻的认知，从而提升审美的水平。传统植物景观的意境深远，可让观赏者细细品味，使其沉浸于一片宁静的氛围里，从而获得心灵上的享受。

以此展现出的意境效果，远远超越了单纯的视觉形式，更多的是一种深层次的、超越时空的精神体验。它的美丽来自对自然的深刻认识，它的精彩绝伦令人叹为观止，仿佛一首优雅的诗歌，令人流连忘返。

在植物造景中，意境美的常见表达方式如下。

（一）比拟联想，植物的“拟人化”

《诗经》是一部充满诗意气息的古典诗歌，其中提到了逾百种植物，这些植物蕴含着人们的喜怒哀乐，是人们象征性的心灵归宿。它的美学价值，对后代诗词写作起到了巨大的作用。许多植物具有独一无二的象征意义，比如“岁寒，然后知松柏之后凋也”中的“松”，以其高大的身躯屹立于险峻的山峰之上，抗拒着严寒，其绿色的根系更是让它的抗逆性更加强大，它的坚强意志和无所畏惧的精神，令人赞叹！梅花以其脱俗的外观和独特的芳香，展现了“万花敢向雪中出，一树独先天下春”的优秀品质，令人敬仰！这些植物所体现的意境之美，已成为中华民族优秀的文化内涵。

（二）诗词书画、园林题咏的点缀和发挥

诗词书画、园林题咏与中国园林自古就有着不解之缘，许多园林景观都有赖于诗词书画、园林题咏的点缀和发挥，更有直接取材于诗文画卷者。园林中的植物景观亦是如此，如西湖三潭印月中有一亭，题名为“亭亭亭”，点出亭前荷花亭亭玉立之意，在丰富景观欣赏内容的同时，增添了意境之美。扬州个园有副袁枚撰写的楹联“月映竹成千个字，霜高梅孕一身花”，咏竹吟梅，点染出一幅情趣盎然的水墨画，也隐含了作者对君子品格的崇仰和追求，赋予了植物景观以诗情画意的意境美。

第三节　生态学原理

植物作为一个复杂的有机系统，其特性受其周围自然环境的影响，从而形成多样植被。在进行植物造景时，必须考虑其对当前自然状况的反映，以确保其在特定的环境下得以正常发展，否则将无法达到最终的效果。为确保植物景观能够满足造园者的需求，我们需要深入研究植物的生态学特征，并将其融入景观设计中。只有这样，我们才能确保植物景观能够得到最佳的呈现。

一、光照因子与植物景观设计

光照对于植物的生长发育至关重要，它不仅可以帮助植物吸收太阳辐射，还可以将太阳辐射转换成化学能，从而为地球上的生物提供必要的能量。

（一）根据光照对植物的生态作用分类

1. 阳生植物

阳生植物，也被称为喜光植物，是指那些需要充足光照来维持其健康成长的植物。通常，这些植物的枝条比较细弱，叶子颜色比较浅，因此其生长速度也比较迅速；其结构比较完善，但其寿命比较短。当光照强度足够高的情况下，它们的光合作用就会开始增加，而光照强度偏低则会导致其无法健康成长。大多数的松柏类植物，主要为马尾松、油松、火炬松、湿地松、龙柏等，以及桃、扁桃、杏、桦木、刺槐、杨树、悬铃木、桉树、木麻黄、椰子、柳、梅、木棉、银杏、广玉兰、鹅掌楸、白玉兰、紫玉兰、朴树、榆树、毛白杨、合欢、假俭草、结缕草等都属于阳性植物。许多种类的花草都可以在室内或室外种植，如一年生草花、宿根花、球根花、木本花、多汁花草等。此外，半枝莲、牵牛花、鸢尾花、鸡冠花、百日草、蜀葵、荷花、大丽花、芍药、唐菖蒲、仙客来、茉莉、月季花、扶桑等，为了获得最佳的观赏效果，最好将这类阳生植物放置于室外，而非放置于阳台、树荫处，否则它们的发育将受到影响。

2. 阴生植物

阴生植物，也被称为喜阴植物，通常出现在树林、山谷和河流的阴暗地带，它们需要适当的遮阴环境来保证其健康成长。阴生植物喜漫射光，不能忍受强烈的直射光。当阳光的辐射量超出它们的承载范围时，它们的光合作用将会显著降低。它们通常生长在树林的底部或者是潮湿的地方。除了蕨类、兰科、苦苣苔科、姜科、秋海棠科、鸭跖草科、天南星科和杜鹃花科，其他许多科的植物也都有阴生植物。

3. 耐阴植物

耐阴植物具备极强的耐阴性，而且它们的外观非常多样化，成为许多自然景观的重要组成部分。例如，猕猴桃、枇杷、青冈属、椴属、槭属、冷杉、罗汉松、竹柏、山楂、栾树、君迁子、桔梗、白及、棣棠、珍珠梅、绣线菊、蝴蝶花、马占相思、红背桂、圆柏、云杉、甜槠、紫杉、栀子花、山茶、南天竹、海桐、大叶黄杨、蚊母树、迎春花等。在植物景观设计中了解植物的耐阴能力是很重要的，阳生植物的寿命一般较耐阴植物的短，但阳生植物生长速度较快，所以在进行植物配置时必须搭配得当。

植物的耐阴性是一个相对的概念，它取决于所处的地理位置、气候、年龄和土壤条件。例如，在北方的桂北地区，红椽属于阴生树种，而在闽北地区，它则更喜欢阳光。这表明，在不同的地理环境中，植物的耐阴性也会有所不同。竹柏在幼年时期需要适当的遮阴才能茁壮成长，但当它们进入全日照环境时，它们的生长会变得更加迅速。在山区，随着海拔的升高，植物对光照的需求也会相应增加。

（二）根据植物对光照长度的适应性分类

光照长度是一个重要的气候特征，它可以反映一天中日出到日落的时间长短变化。这种变化可以通过植物的日照时间、季节性变化以及光周期现象来观察，其中，日照时间的变化可以促进花芽的形成，也可以引发休眠的开始。植物的生长和发育需要适当的日照时间，这是它们适应周围环境的一种方式。

1. 长日照植物

大多数植物都喜欢生活在温暖的环境中，因此它们必须接受充足的阳光才能健康成长。为了让植物从营养不良的状态转变为良好的繁衍状态，它们必须接受 12 个小时（一般为 14 小时）的光照时间。当太阳辐射量低于植物的最佳接受水平时，它们的开放时间就可能被迫延后，从而影响植物的正常发育，比如令箭荷花、风铃草、天竺葵和大岩桐等。

2. 短日照植物

在低纬度的环境中获取阳光，可以有效提升植物的生育能力。一般来说，光照时间每日在 12 小时（一般仅 10 小时），即使是最充足的，也会导致植物的生育能力受到影响，比如菊花、落地生根、蟹爪兰、一品红等。

3. 中日照植物

当我们考虑植物的季相变化时，还需要重点关注植物的耐受能力。一些耐寒的植物，比如月季，即便在室内，也能够通过调节气候来保持其良好的生长，但是，像菊花和一品红这样的耐寒植物，却无法通过室外阳光来保持生机。这就需要我们在规划植物景观的过程中，尤其关注这些植物的耐受能力。将低纬度的短日照植物移栽至高纬度，由于夏季光照时间较之前更加漫长，这将影响花芽的发育，使其开放时间变晚，甚至完全无法绽放。

二、温度因子与植物景观设计

（一）温度对植物景观设计的重要性

温度是植物生存的重要因素之一。在地理空间上，温度随海拔的升高、纬度的升高而降低，随海拔的降低、纬度的降低而升高。在时间上，温度四季变换，昼夜不同。温度对植物景观的影响，不仅在于温度是植物生存的必要条件，有时候还是景观形成的主导因素。比如，在寒冷的北方，选择适宜的常青和落叶乔木，可以营造出清新的自然氛围；而在炎热的南方地区，选择适宜的棕榈科植物，可以营造出优雅的自然环境。由于气候的多样性，使得各地的植物具有独特的风貌。此外，气候的变暖会对植物的生长产生显著的影响，从而促进了各种植物风貌的出现。当气候条件合理，植物风貌的出现会更加迅速；反之，气候条件恶劣，植物风貌的出现则更加缓慢。

（二）温度与植物生长发育的关系

温度的变化会显著改变植物的特性，其中最明显的就是温度会改变植物的生理功能。当温度升高时，植物的种子会迅速吸收养分，激活其中的酶，并迅速完成萌发和成熟的过程。通常，植物的种子会在 0 ~ 5 ℃的环境中萌发，随着气候的变暖，它们的发育也会加快，而在 25 ~ 30℃的气候条件下，它们的发育可达到最佳状态，但是在 35 ~ 45 ℃的气候条件下，它们的发育会受到阻碍。特别是那些位于温暖或寒冷地区的许多植物，它们必须要有较长的冷却期，方可安全地发芽。

温度对植物的呼吸作用会产生重要影响，其变化幅度远远大于光合作用。例如，落叶松的芽在 –25 ~ 20 ℃的温度范围内仍能保持微弱的呼吸，然而当温度超过 50 ℃时，植物的呼吸能力会急剧减弱，甚至会导致植物的死亡。

随着温度的升降，空气的相对湿度会受到影响，由此导致植物的蒸腾反应加剧。此外，温度的升降还会引起植物叶片表面的温度升降以及气孔的张合，导致角质层的水分含量增加，加剧植物的蒸腾效率。当蒸腾活动消耗的水量大于来自土壤补充的水量时，植物新鲜的叶片就会变得干燥，最终导致叶片变得干瘪，甚至枯黄。

随着气候变暖，土壤中的温度也发生了变化，这直接影响了植物的生长发育。土壤会变得更黏稠，阻止了水的渗透，使其无法畅通地到达植物的根部，这会削弱植物根部吸收水的能力。此外，气候变暖还会阻止植物根部的生长发育，从而严重损害植物的生长发育。

植物的发育受到环境因素的影响，因此，其生存需求也会随环境的变化而变化。从气候角度来看，大多数的温带植物，其最佳发育环境可能会在 25 ~ 30 ℃，甚至为 35 ~ 40 ℃。研究表明，0 ~ 35 ℃的环境条件对于亚热带植物的生长有着重要的影响。同时，温度还可以促进植物其他的特定过程，比如，当气温适宜时，可以促进植物的萌发和分枝，以及其他的生理和生化过程。

三、水分因子与植物景观设计

水对于植物的生长至关重要。植物从根系到枝叶，都需要大量的水来支撑其正常生存。当水供应充沛时，植物的生长和发育就可以得到保证；而在缺水的情况下，则可能导致植物的死亡。

水既是植物生存的物质条件，又影响植物的生命活动。它不仅能够改变植物的外观，促进植物的生长，而且能够帮助植物进行繁衍。水的主要来源有大气降雨和地表径流。水的状况、类型以及存在的多少都会直接影响植物的生长。

水可以分为三种不同的状态：固态（冰、雪、雹、霜）、液态（雨水、露水）和气态（水蒸气）。每种状态的水都会对植物产生不同的影响，但液态水的影响最为显著。液态水的数量取决于降水的多少，以及空气的相对湿度，持续时间可以通过观察天气变化来衡量，例如干旱、降雨或洪水。

（一）水对植物生长发育的影响

水在植物的生存和繁衍过程中扮演着至关重要的角色，细胞间代谢物质的传送，根系吸收无机营养物质的输送，以及光合作用合成碳水化合物的分配，都是以水作为介质进行的。水是植物生命过程中不可缺少的物质。另外，水对细胞壁产生膨压，支持植物维持其结构状态，当枝叶细胞失去膨压即发生萎蔫并失去生理功能，如果萎蔫时间过长，则会导致植物器官或植物体最终死亡。一般植物根系正常生长所需的土壤水分为田间持水量的 60% ~ 80%。

植物的生长离不开充足的水分，但是其摄取方式与其他物质不同，它们只能从水中摄取 1%，剩余的水分会随着蒸发而消散。蒸发可以降低植物的温度，如果没有蒸发，叶片的温度会急剧升高，甚至导致植物死亡。蒸腾是植物体内重要的生理过程，它不仅能帮助植物吸收养分，还能将其输送到植物根部，从而形成水分张力，使土壤中的水分能有效地流入根系。然而，当土壤变得干燥时，这种水分张力会逐渐减弱，根系对水分的吸收能力急剧下降甚至完全停止，从而导致叶片出现萎蔫、气孔关闭，植物的蒸腾功能停止，这种情况被称为暂时萎蔫点。当土壤水分减少，植物的蒸腾速率也会减慢，这可能会使植物恢复到原来的状态。然而，当土壤水分进一步减少时，植物的萎蔫系数也会增加，使其难以恢复。

（二）气态水与植物景观

大多数的植物受到空气相对湿度的限制，因此无法充足利用自身的水资源，也无法在有“空中花园”之称的热带雨林里正常繁衍。一些植物却能利用其特殊的气孔和气生根，在较低的温度下，获得足够的水；在较高的温度下，自然脱离土壤，获得更多的营养。

这些植物拥有独特的海绵状气生根，无论是靠近树干、枝干，还是悬浮在空中，都能够有效地从大自然的环境中摄取水分、肥料、氧气、碳酸氢钠等。它们的叶子肥大，有的成革质或覆盖一层蜡质，不仅可以降低水分的蒸发，而且还会形成簇状，从而获取大量的肥料、氧气、碳酸氢钠等，同时也会从树干、枝干等处获取大量的营养。

（三）液态水与植物景观

随着时间的推移，植物的演化过程也越来越复杂，它们对水的需要程度也大不相同，从而产生了各种各样的生态特征，如耐旱、耐潮、耐寒、耐热等。各种生态系统的植物具有独特的外貌、复杂的内部结构、强大的耐旱性和耐洪性，并且呈现的美丽景色也各有千秋。

1. 水生植物景观

水生植物为了适应水体生态环境，在漫长的进化过程中，逐渐演变成许多次生性的水生结构，以进行正常的光合作用及新陈代谢。与陆生植物相比，它们存在通气组织发达、机械组织弱化、排水器官发达、根系发育不良、营养器官差异、花粉传播变异等特征。

水生植物通常出现在湿润的环境中，如池塘、池边、沼泽、河流等，这些地方具有极高的营养性，能够在极短的时间内形成大量的幼苗，使周围的环境变得阴暗，从而使其他植物难以在这种环境中生长发育。一些常见的水生植物包括菖蒲、燕子花、泽泻、香蒲、水芹、雨久花、黑三棱、芦苇、千屈菜和纸莎草等。

根据生存方式和生态环境，水生植物可以划分为浮叶植物、挺立植物、漂浮植物、沉水植物和海洋植物等。

浮叶植物的优越性在于，它们通过调节自身的形态来实现漂浮，比如在体内积累大量的空气，以及设计出独特的空气容器，来保持空气的流动。此外，菱类和水浮莲的叶子会变得更加宽阔，像一个葫芦一般，从而让整个植株悬挂在水面，避免掉落。浮叶植物包括但不限于睡莲、王莲、芡实、浮莲、莼菜、金银莲花、荇菜和两栖蓼等。

由于其生态环境的多样性，沉水植物的生存方式和繁殖环境存在显著的变化。例如，黑藻可以生存于宁静的湖泊和河流，而金鱼藻和茨藻则是其伴生生态系统的重要组成部分。此外，还可以观察到许多其他的沉水植物，比如红柳、血心兰、牛顿草、红蝴蝶、鸡毛草、香蕉草、地毯草、红椒草、皇冠草、九冠草、鹿角苔等。

海洋植被的多样性对于全球的环境变化起着重要作用，比如我国华南地区的红树林，其中较著名的植物包括水椰、桐花树、角果木、老鼠簕等。

2. 湿生植物景观

湿生植物是一类特殊的植物，它们需要在潮湿、雨量充沛、水源充足的环境中才能正常生长，即使土壤中的水分超出了其承受范围也能茁壮成长，甚至可以抵御短暂的水淹。

湿生植物具有良好的生态适应能力，其特征包括：叶片较厚且较小，栅栏结构较弱，外观平整，没有毛刺，角质层较薄，没有蜡膜，气孔较多且频繁地张开；其植株可以在潮湿的环境中生长，树干基部膨胀，皮肤肥厚，形成膝状根以及不规则的根；根系较弱，分支较少，根毛较稀疏。

随着时代的发展，湿生植物在园林植物景观设计中使用日益普及。其中较为著名的包括：落羽杉、水杉、池杉、水松、竹、垂柳、白柳、槐树、蔷薇、木芙蓉、迎春花、黑杨、枫杨、白蜡树、山里红、赤杨、梨、三角枫、夹竹桃、黄花鸢尾、驴蹄草、楝树、垂榕、高山榕、小叶榕、水蒲桃、羊蹄甲、蒲葵、散尾葵、假槟榔等。

3. 旱生植物景观

尽管全球变暖以及日照增加等因素对环境造成了严重的破坏，还给人们带来了极端的环境条件，比如干燥的空气、荒芜的沙地等，但仍有一类特殊的植物，它们不仅能够适应此种环境的变化，还具备良好的抗逆力，因此被称作旱生植物。这类植物能够在极端的环境中，例如沙地、干草原、干热山坡等条件下生长，其中以马尾松、侧柏、圆柏、栓皮栎和柽柳等为典型代表。

植物可能会因环境条件的变化出现两种不同的抗旱能力。一类是本身需水少，具有小叶、全缘、角质层厚、气孔少并有较高的渗透压等旱生性状，如石榴、扁桃、无花果、沙棘等；叶面缩小或退化，如海南荒漠及沙滩上的光棍树、木麻黄的叶部都退化成很小的鳞片，以减少蒸腾；叶面具有复表面，气孔藏在气孔窝的深腔内，腔内还具有细长的毛，如夹竹桃等；肉质多浆具有发达的贮水薄壁组织，能缓解自身的水分需求矛盾，如非洲的猴面包树，南美洲的瓶子树，北美洲沙漠中的巨人柱等。另一类是植物的根部非常坚固，比如在我国西北干旱地区，骆驼刺的根部可以深入地下 20 m，在南方的石灰岩山地，树木的根部则会沿着石头的裂隙往下伸展 20 ~ 30 m，由此可以很好地汲取地下丰富的营养，为它们的生存提供更充足的养料。

我国拥有众多优秀的旱生植物，如樟子松、小青杨、小叶松、绣线菊、雪松、白柳、旱柳、构树、黄檀、榆、胡颓子、山里红、皂荚、柏木、侧柏、桧柏、栓皮栎、石栎、合欢、紫藤、紫穗槐等，它们能够抵御干燥的环境，为干燥的环境提供了极佳的绿化效果。

第三章　植物景观构成要素设计

第一节　乔木和灌木的景观设计

在植物景观的设计中，乔灌木无疑扮演着重要的角色，它们外表壮丽、品种丰富、覆盖面广，而且寿命长，能够给人以美的视觉享受。此外，不同的乔灌木品种所构成的植物景观还能展现一个城市或地区的独特魅力。乔灌木不仅能自己构筑出美丽的景观，还能和其他类型的植物搭配，创造各种各样、充满活力的园林美学。乔灌木在园林中大体分为以下七种种植形式。

一、孤植

孤植是一种独特的植物种植方式，即在一片空旷的土地上植入一株或几株乔灌木，以展现其个体特征，不仅能够为园林增添主题，还有遮阴之用。

孤植通常被视为一种极具个性的种植形式，往往作为主景观赏，因此对植物要求较高。在审美方面，它们应拥有优雅的外形、丰富的颜色、茂密的叶子，较长的寿命以及较好的耐旱能力。在防护方面，它们应是一种能够抵抗风雨，并且病虫害少、无飞絮的植物。

种植孤植树时，应选择一片宽阔的草地，避免与周围环境接触，这样可以确保树冠有充足的生长空间；同时应提供一个良好的观赏位置，使人们能够在这里尽情欣赏孤植树的魅力。

孤植树不仅要与周围的景观和环境协调，还要与整个空间搭配一致。选择合适的位置和树木颜色，可以让整个园林更加美观。虽然孤植树的数量有限，但如果恰当使用，它们不仅可以作为园林美丽的背景，更能成为园林中的焦点，让人们在繁茂的树群间轻松地休息，营造一种自然而迷人的氛围。

在园林景观设计中，造园者应当充分利用现有的成熟大树和古老的树木，将其与周围环境融为一体，以最大限度发挥其优势，实现最佳的景观效果。

一些常见的孤植树种，如雪松、金钱松、白皮松、香樟、二球悬铃木、枫树、乌桕、广玉兰、桂花、银杏、白桦、槐树、合欢、枫香树、白玉兰、鹅掌楸、无患子、栾树、皂荚、朴树、垂柳、龙爪槐、榉树、重阳木、七叶树、榕树、木棉、凤凰树、南洋杉、白蜡、红枫、青桐、杨树、垂丝海棠、紫叶李、罗汉松等，都可以作为独立的树种进行种植。

二、对植

植物的对称性和平衡性是园林构图中的重要特征，通常被用来作为公园、建筑、道路和广场的背景，以提供遮阴和装饰。对植植物一般不会成为主要的景观元素，而是被用来增添视觉效果。

对植在对称式或非对称式的园林中都有广泛的应用。第一，对称的种植设计。以相似的树木为基础，沿着整个景观的主要方向进行排列，特别适合放置在建筑的门前、具有重要历史意义的地方、公共场所的门前、街角和桥梁上，以此来指示和衬托环境。第二，非对称的种植设计。对植的两株树或两丛树，树种及组成要尽量接近，若体量、形态的对比过于强烈，则不利于协调，完全相同则显得过于呆板。如果两株树的体量不一样，可尽量在姿态、动势上取得协调。种植距离不一定对称，但一定要均衡，动势向构图的中轴线集中。与中轴线的垂直距离，对于大树要近，小树要远，尽量避免呆板的对称，从而形成生动活泼的景观。

对植树种的选择并不需要特别严格，无论是乔木还是灌木，只要其外形整洁美观即可。在对植树周围，可以适当放置一些山石和花草，使植物的体量、高度、姿态、颜色等与周围环境相协调。

一般来说，对植树种有松树、杉树、银杏、二球悬铃木、香樟、雪松、女贞、龙爪槐、桂花、椰子树、木槿和石榴等。

三、列植

列植是一种常见的景观设计方法，它通过将乔灌木按照一定的株行距排列在一起，使景观看起来整齐、简洁、宏伟。这种方法在规则式园林、绿地、道路、广场、工矿区和办公楼等地方都得到了广泛的应用。

列植可以指明路径，为人们提供庇荫，增添空间和营造氛围。例如，在狭窄的街道上列植一些树，可以给人带来清新的空间，也可以给周围的环境增添一份秩序。列植的主要类型包括两种：一种是等行等距排列，通常出现在规律的公共绿地，比如公共广场；另一种是等行不等距排列，用于规则式或自然式园林，如河岸边。

在进行列植时，最好使用树冠紧凑、枝条茂盛、生长良好的树种。根据使用目标、树种特征和苗木大小，确定合理的株间间隔。例如，在城市街头，通常将树的间隔设置在 5 ~ 8 m，在农田里，通常将树的间隔设置在 1 ~ 3 m，以免形成过度拥挤的景观。

列植通常用于建筑物周围，河流、公路旁，铁路和城市街道沿线。列植应注意维护地面和地下管线的正常使用，并确保行人的安全。

一些常用于列植的树木包括：松树、桧柏、湿地松、银杏、水杉、二球悬铃木、毛白杨、臭椿、白蜡、栾树、合欢、垂柳、加杨、七叶树、鹅掌楸、槐树、蔷薇、木槿、丁香、大叶黄杨等。

四、丛植

丛植是指将一株以上同种或多种树木高低错落紧密地种植在一起。这种技术通常用于庭院绿地、草坪和建筑物前庭的中心区域。

为了营造出一个完整的林冠线，丛植植物应彼此紧密结合，以增强整体的美感。因此，在处理植物之间的关系时，应该注意植物的疏密程度、生态习性等，使每一棵植物都能够在统一的构图中展示其独特的美。因此，由单株树木构成的树丛具有独特的美感，其外观、颜色、气味等都能给人以极大的享受。然而，与孤植相比，丛植所需的树木形态更加灵活多变。

同一种植物的组合应该是独特的，它们之间应该保持一种平衡，并且彼此协调。几种不同植物的组合应该形成一种和谐的景象，比如常青树与落叶树、针叶树与阔叶树等，这种景象具有很广阔的选择空间，并且能带来丰富的美感。

同时，我们还需结合不同的元素，运用平衡的视觉手法，比如注意植物的外观、生态习性等来进行园林植物景观设计，这些因素共同决定了植物景观的效果。

许多植物如松、核桃、白蜡、杨等，都拥有特殊的菌根，它们既能够固定氮素，又能够将营养元素输送到植物各部分。此外，将豆科或者禾本科的植物结合栽培，也会让这两类植物更好地适应土壤条件。不同植物的分泌物可以显著地改变它们之间的关系，有的相互抑制，有的则相互有益。例如，刺槐的芳香可以阻碍周围其他植物的发展；而榆木、白杨、云杉、核桃、柏木之间的关系却可能出现抵御力差异，甚至容易受到病虫害的侵袭。作为一名优秀的造园者，要深入研究各类植物之间的相互关系，从而更好地构建出美丽的植物景观。

根据植物的种类，丛植可以分为单一的和混合的两类。混合丛植的种类应该尽量少，形态也应该保持一致，以体现出整体的美感。丛植的颜色变化是一种复杂的艺术，它既稳定又富有变化，这种艺术常被用于各种场景的布局。

（一）两株丛植

两株植物应当严格遵守多样统一的原则，尽管其通常是同一种树木，但其体型、姿态和活力存在明显的差异。

在挑选植物时应特别小心，以免其外观存在过大的差异。两株植物的间隔应小于它们总高度的一半，以便它们组成合适的植物群落。比如，两棵植物的颜色、高度、密度等应保持在一个平衡状态，以免它们的颜色、高度等有过多的变化，从而形成完美的整体。

（二）三株丛植

三株植物组合在一起，形成一个不对称的三角形。其中一株植物比另两株植物要大一些，两株较小植物的间距也更近。三株丛植的主角是较大的植物，其他两棵植物为配角。尽可能选择一种植物，不要超过两种。

（三）四株丛植

通常来说,采用四株丛植方式的植物应放置在一个正方形的四个角上,并且两两之间应保持一条直线。此外，每株植物都应是“一对一”的，同时保持一定的距离。建议采用一到两种不同的树种，如果用三种，则在体形姿态上应相似，以求协调。

（四）五株丛植

五株丛植的组合方法有很多种，可组合为四株与一株或三株与二株的形式，这样会呈现不对称的景观。建议将这些组合放置于最显眼的位置，并且尽量保持两组之间的空间。此外，建议采用一到三种不同的树种，布局尽量达到和谐的效果。

（五）六株及以上丛植

配置六株或更多的丛植会比较复杂，但仍然可以使用以上的构图方法，即在平衡中寻找对比，在差异中寻求统一。注意树种的选择，通常七株及以上的丛植，不宜超过三种；十五株及以上的丛植，不宜超过五种。

五、群植

以一两种乔木为基础，结合其他多种乔木和灌木，形成一个规模宏大的树群，这种种植方式被称为群植，它以展示群体美为目标，而不需要考虑树种个体的美感。群植一般被用作构图的主角，以供人们欣赏。植物群落可以抵御强风的侵袭，为观赏者提供舒适的休息空间，还能遮蔽园内不太美观的部位。

通过种植密集的乔木，不仅能创造鲜艳的色彩，还能让整个场景看起来非常壮丽。这种方法可使园林景观充满层次感，还使周围的自然风光得到了完美的呈现。我们需要考虑不同植物的特征，将适宜阳光的植物放置在植株的正中央，将不太适宜阳光的植株放置在植株的周围。

在景观设计中需要关注树木的形态，包括树冠的曲折和树边的多样性。这样能够使树林具备空间感，立体搭配，色彩丰富。通过将常见的针叶树、阔叶树以及乔木和灌木结合在一起，就能创造出美丽的园林风光。

群植分为单纯群植和混交群植两种。单纯群植以一种树木组成，可应用宿根花卉作地被辅材。混交群植是群植的主要形式，这种群植一般不允许观赏者进入。混交群植采用郁密式多层次群落结构，包括乔木层、亚乔木层、大灌木层、小灌木层及草本层。乔木层是构成树群天际线变化的树种，所选植物树冠姿态要丰富；亚乔木层采用开花茂盛、叶色美丽的树种较好；灌木层以花木为主；草本层以多年生花卉为主。

为了达到最佳的景观效果，在种植时需要注意不同种类的间隔，避免种类间过于紧凑。对于那些喜欢长期生长的乔灌木，如常青乔木、落叶乔木、观赏乔木、观赏灌木，最好使用复层、小块、点缀的方式进行种植。

六、林植

林植是一种将乔灌木种植在大面积的土地上，以营造出美丽的树林景观的种植形式。它通常被用于公园、风景区、疗养区、生态保护区和休闲区，分为密集型和稀疏型两种类型。

（一）密林

当树林的郁闭度超过 0.7 时，林内太阳辐射较弱，空气潮湿，土壤富含水分，容易受到踩压，影响观赏者行走。要想让观赏者更容易进入密林，需要建造高出林中地面的景观道。

在江南、华南等地，单一的密林通常由水杉、毛竹、黄山松组成，其特点是树种单一，给人带来了简约的感觉，树林的林冠线、林边界显得单调。为了解决这个问题，造园者可以选择不同年龄的植物来进行造林，并根据不同的地貌特征来改善园林的植物景观。在密林边界，造园者还可以在底部栽培一些抗旱的草本植物或者小型的灌木。

混合密林比较宽广，拥有各式各样的植物，具有明快的季植，林冠线曲折而多样，而林边的景致则更为多样。为了让观赏者更好地进入混合密林，在混合密林内的道路两侧应该保持一定的开阔空间，避免过于密集，从而降低观赏者的压力和焦虑。混合密林内的河流、湖泊等水域栽培一些水生植物，同时还应建造一些小型建筑，方便观赏者进行短期的活动。

在生物学上，混合密林比单一密林更适合植物生长，因此在密林中应尽量避免种植单一植物。

（二）疏林

疏林，也被叫作“疏林草地”，郁闭度通常在 0.4 ~ 0.6。它的特点在于，无论是单一的乔木树林，还是乔、灌、草混合的树林，它都能够营造出一个美丽的园林环境。在疏林中，选择的树木必须是高大的、宽阔的、茂盛的、能够适应环境的、颜色鲜艳的常青和落叶乔木。疏林的底部也要适合人们的活动，并在疏林的周围和底部种植一些宿根花卉来提升景观效果。在疏林里，通常没有专门的景观道，因为相对于密林，疏林更容易进入。造园者通过植物和景观设施的搭配，让疏林的景观更加丰富多彩。

七、篱植

篱植是一种常见的景观设计，它采用了耐久的乔灌木，按照行间距进行种植，使得景观更加美观。篱植形成的长带状树木群体叫绿篱，绿篱通常呈现严谨的布局，并且有许多不同的类型。

（一）绿篱的类型

1. 按修剪方式分类

根据修剪技术，绿篱可分为规则型和自然型两种。

2. 按高度分类

（1）绿墙

高度在 1.6 m 以上，用作阻挡视线、分隔空间或当作背景，包括珊瑚树、松、杉、龙树、榕树、月桂和一些蔓生植物。

（2）高绿篱

高度在 1.2 ~ 1. 6 m，主要用来划分边界。

（3）中绿篱

高度在 0.8 ~ 1.2 m，既可以作为场地的边界，也可以作为装饰。常见于公园。

（4）低矮绿篱

高度在 0.5 m 以下，可以用来作为花坛的边缘，也可以用来限制观赏者在道路旁和草坪边的活动。

3. 按材料的外观特征和功能需求分类

（1）常绿篱

在常绿篱设计中，许多常见的树种如女贞、黄杨、冬青、桧柏、大叶黄杨、珊瑚树、月桂、茶树等，都被广泛使用。

（2）花篱

花篱在园林景观设计中起着至关重要的作用，主要包括迎春花、金钟、珍珠梅、杜鹃、栀子花、六月雪、四季桂、金线桃等，这些花卉不仅可以增添景观色彩，还能为景观增添活力。

（3）果篱

如火棘、枸杞、山里红、构骨等。

（4）彩叶篱

如金叶女贞、紫叶小檗、金心黄杨、金边胡颓子、红木、金叶榕、茶条槭等。

（5）刺篱

如枸骨、枸橘、花椒、小檗、黄刺玫、木瓜、沙棘、蔷薇、胡颓子、马甲子、皂荚等，都是刺篱的特色植物。

（6）蔓篱

主要包括：金银花、牵牛花、鸢萝、多花玫瑰、常春藤、扶芳藤、凌霄和三角梅。

（7）落叶篱

如榆树、丝棉木、紫穗槐、柽柳、雪柳等。

（8）编篱

由具有较强韧性的灌木组成的网状结构，例如木槿、杞柳、紫穗槐等。

为了使绿篱更加美观，应选择具有较强萌芽能力、分枝紧凑、耐修剪和生长缓慢的植物。在花篱和果篱中，应选择叶子较小、花朵较大、果实较多的品种。

（二）篱植在园林景观中的作用

篱植被广泛应用于各种场所，从建筑到景观设计，它们都能起到保护环境的功能。例如，高耸的、宽阔的、带有尖端的、带有刺的篱植能有效阻挡外来物，使整个场所更加安全、舒适。欧洲紫杉、雀舌黄杨、六月雪、小叶女贞、紫叶小檗、金钱柏等，可以被精心设计为各种美丽的绿篱。它们可以作为一种有力的隔离工具，将各个景点之间的距离拉得更远，阻挡外界的噪声。高大的树木和围栏还能作为喷水池和雕像的背景，或者作为庭院的装饰；还可以阻隔光照，保护建筑物。

为了保证篱植的形象，必须定期进行修剪。修剪方法需要考虑植株的生长和外部特征，并且需要适度控制。例如，对于具有较高萌芽能力的品种，比如说女贞，应在春季进行一次大幅度的修剪；而那些需要提前进行修剪的品种，比如说金钟花，可在其绽放之前进行一次修剪。

第二节　草本花卉的景观设计

植物美景无处不在，最引人注目的莫过于草本花卉。草本花卉品种众多，生长快速，而且容易掌握开放时间。这些特性也使其成为园林绿化的首选。植物既能美化环境，又能提高人们的审美水平。许多城市都拥有“市花”，代表着城市的特色。近年来，人们越来越重视如何使用草本花卉来创建独特的园林风格。这些草本花卉既鲜艳夺目，又具备强大的艺术感染力，可以通过它们展现出深刻的文化内涵。其主要应用形式有花坛、庭院、水塘和阳光房，以及立体装饰、造型装饰等。

一、花坛

在花坛中种植的观赏花卉通常有两种以上，它们颜色各异，组成了精美的图案。

（一）花坛的作用

1. 观赏、点缀和美化

花坛是园林中常见的装饰，不仅可以欣赏花朵，还可以欣赏丰富多彩的季相颜色。

2. 基础装饰

通过在园林中添植花坛来增添装饰，这种做法称为基础装饰。例如，在雕塑的底部安放一个花坛，它将赋予雕塑新的活力；在山石周围安放一个花坛，它将让山石与鲜花形成完美的融合；在喷泉旁边安放一个花坛，它将给泉水增添多样的颜色，并成为泉水的背景；在建筑的外围安放一个花坛，它将给整个建筑增添一分精致的细节，使其更加活泼多姿。

3. 分隔空间和屏障

花坛的设计可以用来划分场地和装饰环境，并起到一种屏障的作用。花坛的形状、尺寸以及花木的密度、花卉的高度都能帮助我们更好地理解周围的环境。

4. 组织交通

在城市的主干道、公共汽车停靠点、交通枢纽附近，建造一些如带状的、连续的花坛，不仅能让司机开车更专心，还能给乘客一种宁静、舒适的感觉。此外，在火车站、机场、港口等出入场所，也可以建造一些装饰性花坛，它们不仅能给周围的景观添彩，还能让旅客眼前一亮，便于其了解城市。

5. 增加节日的欢乐气氛

随着时代发展，许多城市在节日期间大量建造绚丽多姿、令人叹为观止的花坛，它们不仅给当地增加了节日的欢乐气氛，更有利于进一步宣传城市形象。

（二）花坛的分类

1. 根据花坛在园林绿地中的地位分类

（1）独立花坛

独立花坛一般设置在园林绿地的中心位置，呈对称的几何图形。独立花坛可以有各种各样的主题表现，其中心往往用特殊方法处理，有时用形态规整或人工修剪的乔灌木，有时用立体花饰，有时也可用雕塑等。

（2）组群花坛

组群花坛通常指的是将许多植物放在同一地方形成的植物集合区。这些植物集合区通常呈现对称形态，而植物集合区的核心区域则包括植物、水池和喷泉等。

（3）连续花坛

在建造连续花坛时，需要考虑道路、地理位置和外部环境的影响。人们常会根据需要，将其划分成各种形状的独立花坛，例如圆形、正方形、长方形、菱形和多边形等。当许多独立花坛紧密联系在一起时，体现出完美的结构，这便形成了连续花坛。

2. 根据花坛布置的方式分类

（1）盛花花坛

盛花花坛通常被称作“花丛”，旨在展示各种绚烂夺目的植物。这些植物包含了不同种类，其形态各异、花期相对稳定、色泽丰富。而且这些植物一般来自不同年龄段，例如一年生、二年生、三年生等。盛花花坛不仅能放置于宽阔的广场上，还能放置于宏伟建筑的正面，为其带来装饰效果，提升其视觉冲击力。

（2）模纹花坛

模纹花坛主要由花叶兼美的植物组成各种图案或文字以引人注目。一般选择生长缓慢、株丛低矮、分枝紧密、叶子细小、萌蘖性强、花期集中、色彩艳丽、耐修剪的植物。常用的模纹花坛植物有红绿草、半枝莲、荷兰菊、彩叶草、香雪球、三色堇、四季秋海棠等矮化品种。花坛的表面应修剪成平整或和缓的曲面。

（3）造型花坛

造园者可以通过使用塑造的技术，创作出多种具有各种造型的花坛。这些造型可以包括动态的图案、精美的雕塑、别致的建筑等。

（4）造景花坛

造景花坛体现了自然景观的特色，设计者通过利用植物和建筑材料来塑造山、水、桥、亭等景观精心设计花坛，让大自然的独特魅力展现在观赏者面前。

3. 根据花坛形状分类

（1）几何形体花坛

几何形体花坛是一种以几何图形为主要外观的植物景观设计，它们的形状可以是圆形、长方形、方形、菱形等，它们的外观需要根据现场条件来进行调整。

（2）带状花坛

带状花坛是城市中一种较为常见的景观设计。这种设计不仅给人们提供强烈的视觉效果，还能为城市增添美感。它们经常被使用来搭配各种不同的植被，如雏菊、半枝莲、香雪球、百里香、酢浆草等。

（3）花缘

花缘是一种特殊的花坛，其花坛宽度不超过 1 m，花坛长度是花坛宽度的 4 倍。它通常用于装饰边缘或作为基础配置，并用于搭配景观。

（三）花坛平面设计

在花坛平面设计过程中，应注意处理各种关系。

1. 花坛与道路的关系

在园林绿地中，有许多不同的景观，比如带状花坛和连续花坛。带状花坛通常是将同时开放的草本花卉按照一定的顺序种植在砌边的植物床上，并沿着道路延伸。这些花坛的宽度不应与道路宽度相等，最好小于道路宽度，长度也可以根据道路的长度来决定。

2. 花坛与周围植物的关系

在花坛的设计中，周围的植物，特别是乔木，对花坛的影响很大。在选择花材时，必须考虑当地的日照时间。如果日照时间较短或者完全没有日照，则应选择半耐阴或耐阴的花材；相反，如果日照充足，则应选择喜光的花材。如果花卉没有得到足够的阳光照射，它们就无法达到最佳的观赏效果。例如，半枝莲喜欢阳光，在阳光下它们的花冠会绽放，但是如果在阴暗的环境中，其花冠就会闭合，花蕾也无法展开。在设计花坛时，应综合考虑不同花卉的开花特征和花坛所处环境，以求达到最佳的效果。

（1）层次

通常，我们会选择在花坛里放置更多的植物，让它们呈现更加优美的弧线。这样，就能让人们更容易欣赏到花坛里的精美图案。在选择植物的高度相近的情况下，我们会在植物周围建立合理的倾角，通常在 30° 左右。为了让图案更加精美，可选择多种颜色的植物，使其彼此协调，以便更好地展现图案特色。

（2）背景

在布置花坛的过程中，要特别留心背景的选取，这将直接影响整个花坛的美观。要避免使用相似的颜色，保持花坛与背景之间的颜色对比。当使用绿色植物来装饰花坛时，应尽量使背景呈现明亮的颜色，让深淡相间的颜色营造出柔和的氛围；当使用灰色的山石来装饰花坛，应使背景呈现柔和的颜色，例如紫、红、粉、橙等。对于花坛和花带，最佳的形式为聚花形，这样才能使它们和周围的环境形成一种相互搭配，映衬美感；相反，若是使用花瓣较多，而花瓣又较小的花材，就无法体现“锦上添花”的感觉，也无法让花坛和花带形成一种完美的对比。

当造园者设计一个园林景观时，必须注意植物的种类和数量。例如，在雕刻花坛上，由于花朵的数目太多，会和整个雕像的尺寸相冲突，导致整个作品变得凌乱。同时，还需要充分考虑周围的环境，包括温度、相对湿度、日照、植物种类、雨量等。宽敞的草地通常是用来建造壮观的花园或者雕刻图案的理想场地。当绿篱被用来装饰花坛的墙壁，会让人觉得肃穆而沉着；而层次分明的草木，则能够营造一种宁静的氛围，让这片空间充满了大自然的魅力。

花坛和建筑的融合是非常关键的，它们的搭配能够让整个景观更加完整、和谐。当选择花坛位置时，应注意它们的造型和色彩，使它们能够和周围的环境和谐融入整体景观中。对于现代的建筑，应该选择多样的几何图案，而古代的建筑更适合使用天然的景观。为了达到最理想的景观效果，花坛的外形必须符合周围的环境，并且要求其与周围的建筑物、交通等设施保持协调。此外，为了获得更好的景色，还需要结合周围环境，合理地调整花坛的尺寸，以达到最优的景色美感。

3. 花坛植物材料选择

根据各种类别的花园，采用的植物种类也会存在差异。

花丛花坛，是利用高低不同的花卉植物，配置成立体的花丛，以花卉本身或者群体的色彩为主题，当花卉盛开的时候，有层次有节奏地表现出花卉本身或者群体的色彩效果。因此，盛花花坛要求花期较长，至少保持一个季节的观赏期的花卉，而且要求花色艳丽，生态适应性好。一般采用观赏价值较高的一二年生花卉，如三色堇、金盏菊、鸡冠花、一串红、半枝莲、雏菊、翠菊等。

通过运用形态各异的花与叶，造园者可以创造出精美的图案、纹理、文字、人物形象等，这就是模拟花园。为了达到这个目的，我们需要使用一些特定的花木，其必须具备以下特点：①高大的树木；②纤弱的叶子，紧凑的树干；③易于生长的树木；④树木的寿命长。通常，人们会使用各种叶类植物，例如五色苋、石莲花、景天、四季秋海棠等；偶尔也会使用少量的灌木，例如雀舌黄杨、龟甲冬青、紫叶小檗等。

4. 花坛图案纹样设计

各种花坛的装饰图案需求各异。一般来说，平面花坛的外表较为平淡，但其内部的修饰十分精致。相比之下，繁茂的花坛比较注重视觉，其中的纹饰图形更加醒目。想要达到最佳的效果，应避免使用过于复杂的图形，而应选择简洁的、明快的颜色。例如，使用淡黄、淡白等颜色来构建花坛的文字图形，比使用浓艳的颜色更能达到理想的效果。

5. 花坛色彩搭配

色彩搭配是花坛设计中至关重要的一步。鲜明而协调的颜色搭配可以吸引受众的注意力，使其成为园林中的亮点。在整个花坛中，颜色的使用应有主次之分，不能过于平均，应以某种颜色为基础，而面积较大的花坛，则应使用更少的颜色。

在花坛的设计中，颜色的使用需要随季节的更替来调整。春天来临时，设计者可以选择一些带有温馨氛围的颜色，例如金盏花的金黄色、雏菊的浅紫色等。夏天时，由于酷暑天气，造园者可以选择一些带来凉爽体验的颜色，例如桔梗和藿香蓟的颜色。

在盛花花坛中，各种颜色的花朵，它们的美丽令人惊叹。造园者可以采取多种颜色搭配的技巧，包括：①运用对比色来增加视觉冲击力。比如，使用深色营造出浓郁的氛围，使观众产生一种激动的情绪；使用淡色营造出温馨的氛围，使视觉体验更加舒适。②在色彩搭配中，使用温和的色调，例如紫罗兰、三色堇、藿香蓟、荷兰菊等，这样就能营造出温馨的氛围。当色彩过于单一，需要添加一些柔和的色彩，例如黑白来增添色彩的柔和感。③使用相似的颜色来搭建花坛并非普遍采取的方法，只能在较小的空间中使用，并且只能提供装饰性的视觉效果。在设计中，一个花坛的颜色数量通常在两三种之间，但是对于较大的花坛来说，四五种也足够了。如果过度使用，就会使整个花坛看上去有混沌感。

在选择花坛的颜色时，应该特别关注它们的视觉反应。当选择不同的颜色来装饰花坛的边缘和空间时，应特别留意它们的温度和光照强度。温和的红色可能让空间看起来更加开阔，但是过于鲜艳的红色会让空间看起来更加狭长。

花朵的颜色并非一成不变，因此，造园者必须认真研究其颜色，以便更好地运用它们。例如，天竺葵、一串红和一品红都有鲜艳的颜色，但它们的亮度可以根据具体情况进行选择。一串红、天竺葵以及黄早菊的颜色组成了绚烂多彩的景象，其中，前两种颜色更为沉着，将它们结合起来可以营造更为清新的氛围。此外，还可以添加少量的白色，以增强视觉冲击力。

6. 花坛的季相与更换

花坛的季节性变化是非常明显的，其中以春夏为盛。因此，为了达到最佳的视觉效果，我们应采取综合的措施，比如采取不断改变色彩的搭配，使得每个季节都能够看到不同的花坛风采，从而形成季节变化。

（1）春季花坛花卉

此时花卉种类繁多，包括千日红、美人蕉、虞美人、美女樱等。

（2）夏季花坛花卉

夏季的花朵也是分时段的，从初夏的矮牵牛、一串红、石竹、万寿菊、孔雀草、鸡冠花到盛夏的百日草、千日红、四季秋海棠、大岩桐、夏堇、凤仙、洋凤仙等，再到一些景天科的植物，都可以满足花坛季相变化的不同需求。

7. 花坛的边缘设计

在花坛的边缘，通常会采取两个主要的设计手法：①使用各种小巧的植物来构建。这些植物通常包括菊苣、雏菊、荷兰菊、半枝莲、三色堇、美女樱、天冬草、孔雀草、福禄考、玉簪花等。通过这些植物，造园者能够创造出宽度和形状都适合的花坛、庭院和装饰性景观。②花坛的边缘采用了多样的材质来构建，从厚重的木板、精致的瓷砖、精美的雕花，到由木栏杆、竹栏杆构成的拱门，再到用天然石头拼接而成的墙面，由此创作出各种独特的花坛边缘。

为了让花坛的植被得到良好的生长，我们应注意保持它们的完整性。同时，我们还应注意保证其储存和排泄功能，并确保其外形和颜色都符合周围的环境。

（四）花坛立面设计

在设计花坛时，造园者应考虑如何让它们看起来更加美丽。一般来说，花坛的底部会比地面高 7 ～ 10 cm，并且要保证 4% ～ 10% 的斜率，这样才能保证良好的排水效果。对于草本植物，底部的土壤厚度需达 20 cm，而对于灌木则需要达到 40 cm。在植物材质方面，模拟花坛的植物大多数保持相似的高度，但在实际应用中，也可能会略微改动。传统的花坛建筑往往会以内部较高，外部较矮的方式呈现，这样可以让游客在多种视角欣赏到美丽的花坛美景。当设计规模更加宏伟的花坛时，为了突出其特色，建议将株高保持一致的常青树种、开花灌木等放入其中，从而营造出一种更加丰富多彩的景观效果。

二、花境

花境是一种融合了规则与自然的艺术形式，它的外观呈现一种规整的美感，而内部的植物则展现一种自然的美感。花卉花境以多种花卉为主，而灌木花境则以灌木为主。花境的外形像一个带状的花坛，其长度与宽度的比例可以达到 3 ∶ 1。一般来说，花境的宽度在 2 ～ 6 m，但对于矮小的草本植物，宽度可以更窄。它的构图是一种沿着长轴延伸的连续结构，既有垂直的视角，也有水平的视角。从平面上看，这里是一片繁茂的花海，花朵的排列形成了一个美丽的景观；而从立体面上看，则是一个错落有致的园林构造，它不仅能够丰富园林的自然景观，还能够分隔空间。

（一）花境的分类

1. 按设计形式分类

按设计形式花境可以分为三种：单独欣赏、双重欣赏和单独欣赏与双重欣赏相互补充的花境。

2. 按植物选择分类

按植物选择花境可以分为五类：宿根植物、球根植物、灌木植物、混合植物以及特定植物的花境。

（二）花境的设计

在设计花境时，应该充分考虑其所处的地理位置、气候状况、土壤特性等多方面因素，以便更好地实现花境的艺术效果。

如果设计单独欣赏花境，应在花镜靠后部分栽种灌木等较高的花卉，靠前部分配较矮的花草，以便形成立体层次感。为了取得较长期的观赏效果，可用两种花期稍有早迟的植株来配置，如芍药和大丽花、水仙花与福禄考、鸢尾与唐菖蒲等。为了增强趣味性，还可将疏松的满天星和茂密的毛地黄配在一个花丛中。同时应注意生长季节的变化、深根系与浅根系的种类搭配等。总之，配置时要考虑花期一致或稍有迟早、开花成丛或疏密相间等，方能显示季节的特色。

花境通常被布置在建筑的外围、山谷的左右、围栏和道路的附近。它们的背面通常是由精心打理的白色砖块和精心种植的深绿色树丛组成，与花境本身形成一种强烈的对比。例如，当你面临着一面红砖时，你可能会选择一些颜色较暗、花朵较小的植物；而当你面临着一面灰砖时，你更喜欢一些颜色较亮的树种。

在选择花境位置时，光照条件是至关重要的，因此，应该仔细研究所选地光照强度的变化，以便更好地满足植物的需求。宽阔的地区更容易吸收阳光，使植物呈现丰富多彩的颜色；而阴暗的环境，则更适合种植耐阴的植物，可以营造更加优雅的氛围，同时，浅色的植物也可以增加空间的亮度。

在选择花境的地点时，需要注意风的作用。由于花境所选用的植物很容易被吹倒，因此选择的地方应尽量远离风口。如果不得不在户外的强风环境里栽培，可以在花境的上风口增设一些阻挡风的绿色栅栏和围墙。

在花境设计中，土壤是一个非常重要的因素。造园者应该根据土壤的组成、酸碱度、排水情况和周围的环境条件来选择适宜的植物，以避免植物生长不良，影响景观的美感。

（三）花境的植物选择

在园林设计中，造园者需要选择一些具有良好造型、色彩丰富、生命力强、易于维护的植物。应尽量避免频繁地改变它们，这样才能让它们的生命力得到充分的发挥。同时，将它们的个性与整个园林的美结合起来，来增加园林的层次感。

在花境里，经常会使用各种各样的植物来装饰，包括月桂、樱花、山莓、蜡梅、麻叶绣球、珍珠梅、夹竹桃、笑靥花、郁李、棣棠、连翘、迎春、榆叶梅、波斯菊、金鸡菊、美人蕉、蜀葵、大丽花、黄葵、金鱼草、福禄考、美女樱、蛇目菊、萱草、紫菀、芍药等。

（四）花境的应用

花境是园林造景中一种非常有效的设计方式，它能够将人造建筑物、道路、绿篱等与自然环境融为一体，使它们之间的距离变得非常近，从而使得建筑物的硬线条得以柔和，让人们感受到自然的美丽。通过其多样的颜色和季节性变化，绿篱、绿墙和大片草坪景观得到了活跃，为环境增添了一份独特的美感。

三、花台

在一个高出地面的空心台座（一般高 40 ~ 100 cm）上种植各种观赏植物，这种景观被称为花台。花台尺寸不大，却能满足人们的近距离观赏需求，可以是单独的，也可以是连续的，它们的美丽不仅是外表的美，更是植物的精致、香气和造型的完美结合。花台的外观千变万化，从规则的正方形、长方形、圆形、多边形到自然形态，无一不可。

传统园林通常使用花台，如今，这种方式通过搭配假山、椅子和砖块等元素，已经成为城市建筑的一部分。然而，要想让其发挥最佳效果，就需要在它们的底部安置盲沟。

为了营造出精致的花台氛围，花台上应当摆放花期较久、花朵繁茂、质感细腻、容易维护的草花、木花，以及与各种精致的树种相结合的花草。其中，经典的花台植物包括：蜘蛛抱蛋、玉簪、芍药、土麦冬、三色堇、孔雀草、黄花、梅、榔榆、小叶榕、杜鹃、牡丹、山茶、黄杨、竹、铺地柏、福禄考、金鱼草、石竹等。

（一）规则形花台

规则形花台通常被设计成几何形状，例如圆柱形、棱柱形、瓶状、碗状等。一般被用于小型活动休息广场、建筑物前、墙基和围墙墙头等地方。

规则形花台可以通过单独的设计来实现，也可以通过将多个台座结合在一起构建复合的组合花台。这种组合花台既可以是平面的，也可以是立体的，每一个台座都有不同的高度。在设计立体组合花台时，不仅要关注花台的局部细节，更要注意花台的整体平衡与稳定。

通过将规则形花台的建筑元素融入整体景观元素中，如座椅、坐垫、雕塑等，我们可以打造出具有多种功能的美丽环境。这些元素通常由砖块组成，经过精心的涂抹，既能展现原始的风格，又能展现现代的气质。在设计多层次的花台上，还会使用钢筋、混凝土等材料来建造，从而达到独特的外观效果。

通常来说，规则的花台会非常华丽，以提升观赏效果。但是，这种设计并不会过于强调主题，而是要与花卉造景相协调。除了使用常见的草本植物，还可以使用小型的花灌木和盆栽植物，例如月季、牡丹、迎春等。

（二）自然形花台

在传统的园林建筑中，许多以自然山石组成的花台非常受游客欢迎。台座材料包括湖石、黄石、宣石、石英石等，常和假山、墙壁、水池搭配使用，或者是单独放在园林里。

造园者可以根据环境的需要，灵活地搭建各种花台，让它们协调相处。这些花台上种植着各种精美的草本植物，比如石蒜、萱草、松树、竹、梅子、牡丹、芍药、南天竹、月季、玫瑰、丁香、菊花等，还可以添加一些山石，比如石笋石、斧劈石、钟乳石等，为整个园林增添诗意和画意。

四、花池与花丛

（一）花池

花池是一种以自然元素为基础的植物群落，它们的形状和大小可能会因为环境的不同而有所差异。花池通常由山石、砖、瓦、原木等材料构成，并且与周围的土壤或建筑物保持一定的高度。

花池通常很小，常见的地点包括公共场所、街角、绿地等。在这些地方，人们可以随意摆放各类鲜花，并根据需要进行调整。这些地方的景观可以是传统的、精致的，也可以是现代的。当花园设置了围墙，植物的根系会稍微深出一点；没有围墙的话，植物的根系会更深。

在花池中，除了常见的草本植物，如草花和观叶植物，还可以添加一些传统的观赏花卉，如南天竹、沿阶草、土麦冬、芍药等。

（二）花丛

花丛是一种较为常见的园林景观，它由三到十几株花卉组成，可以是一个品种，也可以是多个品种的混合，花丛的存在使得整个园林更加美观、精致。

通过采取更加精细的管理方法，许多自然风景区都采取了花丛的形式。花丛所采用的植物包括雏菊、金鱼草、紫罗兰、茼蒿菊、三色堇、金盏菊、石竹、须苞石竹、福禄考、矮雪轮、滨菊、翠菊、桂竹香、蜀葵、美女樱、矢车菊、大丽花、小丽花、美人蕉、鸡冠花、葱兰、麦秆菊、孔雀草、雁来红、一串红等。精心设计的花丛没有任何外部障碍，完全展现出花卉的自然美丽。

在植物园中，颜色丰富、造型各异的植物适合摆放在各种位置。可使用一种或几种常见的植物，无论是单独还是组合，应避免使用过量的品种。例如，一二年生的植物紫茉莉，具有良好的繁殖性。当花丛面积较大时，即可被称为花群，它们具有鲜明的颜色，形状多样，布局灵活，与花坛和花台相比，它们更容易与周围的环境融合，通常被放置在树林的边缘，以及山坡、草坪上。

第三节　草坪植物和地被植物的景观设计

地被植物指低矮、覆盖地面的植物。在园林植物学科中概念更为宽泛，多为一些生长低矮且植株紧密的草本、蕨类、灌木、藤本植物，以及低矮的竹类等，成片栽培用于覆盖地面。

在城市园林中，种植草坪不仅可以为封闭的空间增添活力，还可以为开阔的空间提供更多的可能性。草本植物可以迅速覆盖裸露的土壤，而且发芽的速度极快，这样不仅可以改善环境质量，还可以固定土壤，涵养水源，减少地表径流，保护露天水体免受灰尘的污染，从而达到绿化和美化的目的。

一、草坪的含义及其分类

草坪通常由人工种植或人工养护管理，它们的外表呈现自然的颜色，并且能满足人们的各种需求。例如，它们既能提高空气质量，又能提供舒适的休息环境。根据不同的需求，它们也会被划分为不同的种类。

（一）游憩性草坪

通常，游憩性草坪可种植在各种场所，如医院、疗养院、政府办公区、学校、居民区等公共场所。它为人们提供了在工作、学习间歇时的休闲空间，并可以提供各种娱乐项目。这些草坪以天然方式种植，尺寸各异，可以容纳多人，但是管理比较松散。为了保护环境，在建造游憩性草坪时，我们需要使用具有良好的抗逆能力、抗践踏的草坪植物。此外，为了提高绿化效果，管理人员还需要在该区域内植入一些乔木，并在其上添加一些装饰物，如石头、植物、花坛、绿篱等。

游憩性草坪不仅能分散人群，还有在医院、疗养院和学校等场所提供休闲娱乐的功能。此类草坪通常会利用自然地形来排水，从而降低建设成本。

（二）观赏性草坪

在公共空间里，有些造园者在建造草坪时会选择种植可供游客欣赏的植被，也就是所谓的装饰性植被。观赏性草坪经常被种植于公共区域，如广场、喷水池旁、纪念碑旁，成为公共区域的点缀。此类草坪需要严格管理，一般不允许入内拍摄、踩踏。植物的选择应该是均匀、矮小、绿色期较长、枝条和叶子紧凑，最好是选择细叶植物。在进行植物的养护时，应特别注意防止杂草的滋生。此外，还可以添加一些植物，如绣球等。

（三）运动场草坪

在进行体育活动时，一些运动场的草坪是必不可少的。比如，高尔夫球场草坪、足球场草坪、网球场草坪、赛马场草坪等。为了满足不同的体育活动需求，在挑选时要注重选择具有良好抗逆性、抗践踏、抗干扰、易清洁的草坪植物种类。

（四）环境保护草坪

草坪的重要作用之一就是维护生态平衡，它们可以有效阻挡洪水侵蚀，维护道路稳定。草坪植物种类的选择非常重要，最佳的选择就是结缕草、假俭草、竹节草等具有高适应性、根系发达、草层密集、耐旱、耐寒、抗病虫等功能的草本植物，从而有效维护自然环境。同时，考虑到植物生长对环境的要求要尽量靠近当地的自然资源，并使用当地的植物。

为了提高效率和质量，建议使用多类草种的混合种植，并结合具有较高抗逆性的地被植物。此外，还可使用种子直接播撒，或者建立植生带，并通过草坪喷涂等方式进行快捷施工，这样不仅节约人力和时间，而且容易维护。

（五）其他草坪

1. 疏林草坪

疏林草坪通常被用来装饰城市环境，如街道、广场等。疏林草坪不仅美观，还能为居民提供舒适的居住环境。不过，这种草坪的整体维护成本相对较高。

2. 放牧草坪

放牧草坪旨在提供一个以放牧为主的环境。该草坪通常由营养丰富、生长茁壮的优质牧草组成，并且经过精心的维护和管理，利用地形排水，既保留了自然的美感，也满足了部分农业生产的需求。

二、草坪的配置原则

现代园林的草坪被普遍运用，它们的存在为整个场所增添了一份美感。然而，由于各种环境条件及土壤类型的差异，它们的景观效果及实际作用也会发生变化。从空间角度来看，草坪的优势在于它们的宽敞、舒展，因此，它们更加适合于公共场所，尤其是那些以自然为主的草坪。在不同地貌条件下，草坪被广泛应用，无论是在斜坡还是平地，都可以通过植物的搭配来实现美丽的景致。在斜坡上，草坪的建造应着重考虑水土保护，也可以成为坡地的绿化背景。

草坪的多功能性是不容忽视的。在设计时，除了要考虑草坪的环境保护作用外，还要充分考虑草坪的其他综合功能。为了达到最佳效果，应根据不同的地形条件，精心挑选生态习性最佳的草种，进行合理的混合搭配。

（一）草坪植物的选择

草坪植物的选择应根据草坪的功能与环境条件而定。游憩性草坪和运动场草坪应选择耐践踏、耐修剪、适应性强的草坪植物，如狗牙根、沟叶结缕草等；干旱少雨地区要求草坪植物具有耐旱、抗病性强等特性，如假俭草、狗牙根、野牛草等，以减少草坪养护成本；观赏性草坪则要求草坪植物低矮，叶片细小美观，叶色翠绿且绿叶期长等，如天鹅绒、早熟禾、沟叶结缕草、紫羊茅等；环境保护草坪要求选用适应性强、耐干旱瘠薄、根系发达的草坪植物，如结缕草、白三叶、百喜草、假俭草等；湖畔河边或地势低凹处应选择耐湿草坪植物，如剪股颖、细叶苔草、假俭草、两耳草等；树下及建筑阴影环境选择耐阴草坪植物，如两耳草、细叶苔草、羊胡子草等。

（二）草坪坡度的设计

根据草坪的种类、用途以及环境条件，其坡度也会有所差异。为了提高运动效率，通常将运动场草坪铺得尽量光滑，并保证其能够承受较高的降雨量。此外，运动场草坪的自然排水斜率应介于 0.2% ~ 1%，若运动场拥有地下排水系统，斜率可进行调整，使其保持较低。特别是对于网球场草坪，其斜率应该从中心到外围逐渐增加，并且要保持较高的垂直高度。在选择足球场时，应选择斜率低于 1% 的草地。

在选择游览区域时，应该注意选择合适的斜率。对于规则型游览区域，最佳斜率应在 0.2% ~ 5%；而对于自然型的游览区域，最佳斜率应在 5% ~ 10%，最多也只能达到 15%。

根据用地条件和景观特点，观赏性草坪的坡度应当精心设计，平地的坡度应当低于 0.2%，而坡地的坡度应当低于 50%，以达到最佳的视觉效果。

（三）草坪边缘的处理、装饰和保护管理

边缘的设计不仅能划出一条明显的界限，将草地和周围的环境区隔开来，还能给人们带来一种清新的视觉享受，给整个场地增添一份精致的氛围。一些草坪的边缘采取了规律的弧度，另一些草坪的边缘则采取了天然的弧度。一些草坪的边缘使用了不同的材质来装饰，使其能更好地融为一体，另一些草坪的边缘使用了植物和灌木来提升整体的美感。为了保护草地，有些草坪的边缘还使用了不同类型的围栏将草坪与周围的事物隔开。

三、草坪的配置应用

（一）草坪作主景

通过种植草坪，以草坪为主景，造园者可以打破传统的城市规划，营造一个宽敞、舒适的环境。这种方式不仅能增强城市的整体感，还能提升城市的美感。此外，还可以打造出宽敞的区域，增加景区的多样性，创造出各种不同的装饰效果，增添艺术气质，给游人一个宁静的休憩环境。

（二）草坪作基调

草坪无疑是展现城市美学的绝佳之选，它不仅只是一个美的背景，更能为整个公共空间增添活力。随着城市的不断发展，许多城市已经开始在市区内修建规模宏大的公共绿化区和中央广场，以及以草坪为主题的各种景观，以增添城市的美感。通过精美的雕塑、喷泉、纪念碑等设计，将草坪装点得更加美妙，让它与周边的环境相融，构成完整的视觉效果。若是园林没有绿意，即使是再华贵的植物、再宏伟的建筑、再细腻的雕塑，也难以构成完整的视觉冲击力，相反会大大削弱整体的景观质量。然而，在使用草坪时也需谨慎，尤其在水资源匮乏的城市。

（三）草坪与其他植物材料的配置

1. 草坪与乔木的配置

通过将草坪与独立的树木、树丛和树群结合，不仅可以展示树木的个性特征，还能增强它们的整体美感。疏林草地景观是最常见的草坪与树木结合的设计方式，它不仅能满足人们在草地上休闲活动的需求，疏林还能为人们提供遮阳的作用。

在设计植物园的布局时，应优先考虑使用高大的乔木，并在其周围种植适当的灌木，使植物园的整体美感得到提升。同时，应利用周边的自然环境（例如山坡、溪流等），营造植物园的氛围。还应将树丛、树群放在最重要的位置，使其具有较强的视觉冲击力。

2. 草坪与花灌木的配置

通过在草坪周围种植的各种花灌木，可以增添草坪景观的颜色和层次感，从而增强草坪景观的视觉吸引力。这样一幅完整的植物景观呈现在游人面前，让游人眼前一亮。在此设计中，造园者应重新定义草坪，并在其中添加一些装饰性的植物，使装饰性植物保持在草坪总面积的 1/3 左右。

3. 草坪与花卉的配置

通过草坪与花卉的合理配置可以创造出一个美丽的园林景观。花草可以栽培鸢尾、葱兰、韭莲、水仙、石蒜、红花酢浆草、葡萄风信子等，用这些花草点缀草坪，让人们感受到花草的美丽，也能提升整体的视觉冲击力。在缀花草坪上，应尽可能保持植物的多样性，使其占据整个草坪的 1/4 ~ 1/3，植物的排列要自然、紧凑，既可供人们欣赏，也要防止人们践踏。

在布置花坛、花带或花境时，为了增强视觉效果，可采用草坪镶边或其他装饰性材料，以营造一种自然的氛围，让鲜艳的花卉与平淡的路面形成一种过渡，避免出现突兀的感觉。

4. 草坪与山石、水体、道路、建筑的配置

通过将景观石材配置在草坪中，不仅可以突出其高低错落的特征，还能让人们感受到自然的美感，更重要的是，景观石材的存在使周围的环境更具生机和活力。通过将草坪设计成一个宽敞的环境，不仅有利于人们欣赏美妙的水景和娱乐活动，还能让他们有更多的时间和精力来欣赏周围的美景。近年来，由于城市街道、高速公路旁的绿化需求日益增长，绿色植物的布局已经成为一个热门话题。绿色植物的布局不仅改善了周围的景观，而且有助于保护行驶的汽车，同时为行驶的汽车提供一个安全的停靠区域，从而降低了交通事故发生的概率。在选择草种时，必须重视它们的环保特征和适应性。

四、地被植物

通过种植观赏性的地被植物，不仅能改善环境，还能抑制杂草的繁殖，降低灰尘的飘散，阻碍水土的侵蚀，将树木、花卉、街巷、建筑、岩石等元素融为一体，营造出多样的、优雅的环境，为城市增添色彩。地被植物具有极高的可塑性，可以适应各类环境，尤其是那些地势复杂、阴暗潮湿、土质瘠薄的环境，因此，它们成了最理想的绿化材料。

（一）地被植物的应用特点

地被植物的应用特点主要有如下几点。

第一，维护的低成本。地被植物拥有极高的抗逆性、耐粗放管理以及在对各种恶劣环境下都能轻松适应等特点，使其在大多数情况下可以极低的价格维护，在整个生长周期可在户外种植。

第二，优秀的生态特征。①能够快速繁衍，生长快，覆盖面积大，抗逆能力强，适应性广；②能够自然爬升，并且能够轻松地弯曲；③体积小，比其他植物更加灵活，适合用来装饰城市环境。在种植灌木类地被植物的过程中，最佳选择是那些生长较为缓慢、抗逆性较强的品种，它们的分支力较大，枝叶茂盛；④拥有丰富的根系，可以帮助维护当地的水土，增加其对水分及肥料的吸收效率。此外，它们还拥有多种多样的地下器官，比如球茎、地下根茎等，可以储存肥料，并拥有较强的再生活动能力。

第三，优秀的植物造型。①拥有迷人的花卉、水果；②具有独特的株形、叶形、叶色及其季相变化，给人绚丽多彩的感觉；③植物的群落结构更加紧凑。

第四，安全性。①地被植物没有有害物质，没有异味；②种群可以有效控制，避免了大规模的破坏。

第五，良好的生态、经济功能。①有效地清除二氧化硫，改善室内的环境质量；②提供多种多样的经济价值，比如可以做药材、食品添加剂，甚至是制造精美的香水。

不是所有的地被植物都具有这些特征，但是我们可以根据当地的环境条件和景观设计的需求，选择一些特征来突出它们，从而达到最佳的效果。

（二）地被植物的类别

地被植物通常拥有这样的特征：①体量通常比较瘦小，尽量靠近土壤；②比较容易分支，可以组合在一起；③适应性很强，繁衍快，前期生长快；④集体效果较好，美化环境的效果也很显著。然而，地被植物种类繁多，类型复杂。

1. 按观赏特点分类

（1）常绿地被植物类

四季常青的地被植物，例如柏树、唐菖蒲、葱兰、常春藤等，通常没有特定的休眠时间，只有在春天才会更新叶子。常绿地被植物主要栽培地区在黄河以南地区，我国北方冬季寒冷，一般阔叶地被植物室外露地栽培，越冬十分困难。

（2）观叶地被植物类

这些植物具有独特的颜色和形态，能够吸引人们的目光，例如八角金盘、翠竹、连钱草等。

（3）观花地被植物类

观花地被植物类花朵绚烂多彩，数量众多，如金鸡菊、诸葛菜、红花酢浆草、毛地黄、矮花美人蕉、菊花脑、花毛茛、金苞花、石蒜等。此外，将一些观花类地被植物，比如麦冬、唐菖蒲等放入园林，再加上一些萱草、石蒜、水仙等，也会让园林变得格外美观，起到极佳的景观效果。

2. 按生物学特性分类

（1）草本地被植物

草本地被植物的特点是高度紧凑，易于栽培。草本地被植物大多数是宿根的，但也有一小部分是球根的，具备一定的抗旱能力。草本地被植物通常是室内栽培的，如石蒜、葱兰、喇叭水仙、番红花、水仙等。

（2）木本地被植物

根据当地的环境条件，可以将木本地被植物分为四类：匍匐灌木植物、低矮灌木植物、地被竹、木材藤本等。其中，匍匐灌木植物包括：铺地柏、偃柏、沙地柏、蜈蚣草、单叶蔓荆、匍枝亮叶忍冬、紫金牛等，它们都可以满足当地的土壤肥力需求，从而提高土壤的肥力水平。低矮灌木植物的枝条较短，而且分布紧凑，例如朱砂根、八角金盘、红背桂、朱砂杜鹃、黄金榕、熊掌树等。地被竹则是一种特殊的植物，它们的枝条较长，分布紧凑。木材藤本包括小叶扶芳藤、中华常春藤等。

（三）地被植物的配置应用

在园林中，植物群落种类繁多，差异性极强，因此，地被植物的配置并不是一成不变的，而要根据其特点使用，目的在于营造美丽的景观。地被植物的配置应用应遵循“因地制宜、注重功能、层次分明、目的在景”的原则。地被植物和草坪植物一样，都能够覆盖地表，为园林增添美感。

地被植物具备独一无二的优势：①其品种众多，枝、叶、花、果都具备各式各样的颜色，而且具备鲜明的季相特征；②其具备极佳的适应能力，在各种恶劣的气候和水源状况下都能茁壮成长；③其具备高度和深度的差异。为了构造完整的地面景观，造园者需要深入研究并熟悉不同地被植物的特征，并结合其适宜的生存环境、快速的繁殖周期以及最终的遮阴作用，来实现最佳的地面绿化。

1. 适地适植，合理配置

根据园林的各项用途及其属性，结合周围的自然环境，精心挑选出最符合需求的地被植物，以满足其生长发育的需求。为了营造舒适的空间氛围，可选择如八角金盘、洒金珊瑚、十大功劳、水鬼蕉、玉簪等抗旱性较强的植物，种植在树林、住宅周围以及大型道路两侧。此外，可将适合的植物种植于各种场所的入口区域，如低矮的小灌木、鲜艳的野生兰等。同时，造园者应使用适宜的植物来装饰山林和绿地，以改善周边的景观，如道路的宽度等。

2. 高度适当，突出景观层次

地被植物作为植物群落的基础，其位置的正确性至关重要。如果上部的乔木、灌木的分支明显，就需要将地面的位置放得更高；相反，如果上部的乔木、灌木的分支稀疏，甚至呈现球状，就需要将地面的位置放得更低。地被植物应有助于建立一个有序的生态系统，使其中的元素更加鲜明，而非让它们成为整个系统的点缀。

地被植物需要经过精心的设计，以满足不同的生态需求。通过调整它们的颜色、大小，造园者能够创造出多样的景观。地被植物通常有以下几个使用方法：①通过与树木、灌木、花卉等组成一个多样的植物群落；②在树林边缘、树林底部或者开阔的地方进行栽培；③与周围的岩石、河流等相互融合。

3. 色彩协调，四季有景

地被植物，无论是乔、灌木，还是地面的草，都拥有多姿多彩的颜色，从叶子、花朵到果实，都可以展现它们的美丽。为了让这些颜色更加美观，造园者需要通过精心的设计让它们层次鲜明，协调统一，更加灵活。

4. 注重功能，突出地被景观与环境的和谐

通常，开放的户外运动场所会采取铺设草皮的方法，营造宽敞的环境，让参与者感到愉悦；对于封闭的风景区，则可栽培繁茂、叶片紧凑，具有较强观赏性的花卉作为主要的绿化材料，让参与者感受到远离喧嚣的宁静。例如，医院、疗养院应该种植更多的草坪，这样既能够阻挡灰尘，又具备抗病毒的作用，从而促进患者的身体健康；而工厂、科学实验室等场所，应该种植更多的树木，以降低水土流失和灰尘飞扬，并维护设备的正常运行。

（四）地被植物的造景

1. 地被植物的作用

（1）利用空间和环境资源，改善人工群落的立地环境

在园林绿地中，人造植物的种类数量是远远超过天然的，其分布十分均匀，而且没有多余的树种。通过将树种组合成不同的景观层，可大大提升绿色覆盖面积，获得最大的叶面积指数。由于地被植物较为细小且宽广的根系，使得它们可以轻易

地改变表面的土壤结构，从而提高土壤的肥力，并且为下一级的植物提供养分。

（2）增加绿地群落层次，提高景观效果

将植物栽培于土壤中可以获得极佳的视觉效果，从而达到“黄土不露天”的要求。此外，这些植物的色彩以及花朵乃至果实的色彩也可以根据季节的变化而不同。比如，常见的有深绿的常青藤、龟甲冬青，黄绿的珍珠菜、黄金露，紫色的诸葛菜、麦冬，粉红的红花酢浆草，白色的葱兰，等等。地被植物的种类繁多，搭配着各种季节性的乔木、灌木，形成了一个多样的生态系统，为整个园林增色不少。

（3）改善生态系统，构建绿色生态景观

相比于传统农耕，园艺植物群落种类丰富，其生态系统十分复杂。通过使用无毒的或低毒的化肥，使害虫和自然界的昆虫得到控制，植物与植物间、植物与其他生物间有序和谐地共存，构建了绿色生态景观。

（4）提高人工植物群落的经济效益

地被植物不仅可以提供美丽的景观，还具有重要的经济价值。其数量众多，产量可观，容易更新换代，因此，种植这类经济型的地被植物可以带来可观的经济效益。

（5）提高园林绿地的环保和生态功能

植物覆盖地表后，可以显著减少尘埃的产生，有效吸附尘埃，降低噪声，提升人工群落内部的空气相对湿度，改善土壤的质量。

2. 地被植物的造景应用

第一，通过多种花卉种类和草坪相结合，构建绿色生态景观。这些花卉包括：水仙、秋海棠、鸢尾、石蒜、韭莲、红花酢浆草、马蔺、蒲公英等，还包括一些匍匐的灌木，如铺地柏、偃柏等，它们的组合能够为草坪带来独特的美感。

第二，将铁线蕨、凤尾蕨、菲白竹、箬竹、鹅毛竹、翠竹、菲黄竹等蕨类植物与矮竹相结合，形成一幅美丽的图案，让人眼前一亮，仿佛一张精美的绣花地毯，令人流连忘返。

第三，为了营造出一种独特的自然风光，造园者可将一些耐旱的地被植物种植在河流和池塘周围。例如，可种植一些唐菖蒲、蝴蝶花和鸢尾，并将它们放入河流和池塘周围的岩石和建筑之间，以增添一种自然的美感。

第四，地表覆盖着广阔的景色。通过精心规划，在阳光充足的地方种植一些色彩丰富的植物，如美人蕉、杜鹃花、红花酢浆草、葱兰等，使用大胆的手法和大面积的颜色，营造出一个美丽的群落，强调低矮植物的群体美，同时也为周围的景观增添一份自然的魅力。

第四章　城市植物景观设计

第一节　居住区植物景观设计

居住区是一个重要的空间，它包含了许多不同类型的建筑、景观，为满足人们的日常需求提供便利，并且在一定程度上促进了人们的健康和文化发展。

绿化是居住区的重要元素，它涵盖了住宅周边的绿化、公共建筑周边的绿化、道路两侧的绿化以及其他各种类型的绿化。居住区按照居住户数和人口规模可分为居住区、居住小区、居住组团三级。

一、居住区公共绿地的类型与特点

（一）居住区公共绿地（公园）

公园在居住区里扮演着重要的角色，它们为居民提供了舒适的活动空间，以及健康的娱乐环境。为了让居民更好地生活，公园的大小必须合理，且必须保持在一个恰当的范围。各级居住区的公园的服务性质、设计风格以及其他细节均存在差异，可见表4–1。

表4–1　各级居住区公共绿地的设置

中心绿地名称	设置内容	要求
居住区公园	花木草坪、花坛水面、凉亭雕塑、小卖部、茶座、老幼设施、停车场地和铺装地面等	园内布局应有明确的功能划分
居住小区公园	花木草坪、花坛水面、雕塑、儿童设施、铺装地面等	园内布局应有一定的功能划分
居住组团绿地	花木草坪、桌椅、简易儿童设施	灵活布局

通常，公园被视作衡量社区环境的重要标准之一，因此它们需要具备良好的规划性，并且在居民日常生活中具有独特的意义。社区公园一般由多样的景观组合而成，包括景观道路、景观雕塑、景观布置、景观照明、景观灯塔、景观树木等。

1. 居住区公园

居住区公园是一种具有重要意义的公共活动场所，它位于居住区的中心地段，拥有宽阔的空间，设施齐全，可以满足居民的多种需求，并且可以与周边的公共建筑和社会服务设施相结合，以提升居住区土地的使用效率，节约用地。

为了更加完善的社会环境，居住区的公共空间必须具备清晰的功能划分，并且为不同年龄层次的人们提供舒适的休闲、锻炼、娱乐、学习、放松的环境，比如儿童乐园、老年人娱乐场所、健康跑道、多种体育锻炼项目区域等。与普通的城市公园相比，这些社区的规模十分有限，因此需要精心安排。在建造社区时，我们需要特别关注如何利用植被来实现有效的空间分割，以达到最佳的效果。

在居住区公园里，设施必须完善，包括适合不同年龄段人群的体育锻炼器材，以及提供便利的小吃店、茶室和棋牌室等服务。此外，还需要精心打造花坛、亭廊、雕塑等景观。

为了营造舒适的公园环境，应选择具有良好遮阴效果的落叶大乔木，以及通过搭建常绿绿篱，将公园与周围环境分隔开来。同时，还要在公园周围种植树木，以减少噪声对居民的影响。

在公园中的体育运动场地上，应该种植高大的乔木，以提供良好的遮阴效果；避免使用有毒、有味的树种。最佳的绿化方案是以落叶乔木为主，辅之以一些观赏性的花卉。为了方便老年人、小孩的休息和玩耍，可在大树下设置凳、桌子和椅子，并配备儿童活动设施。

2. 居住小区公园

居住小区公园也称小游园和小花园，通常被视为住宅区公共区域的一种特殊景点，因为这些公共区域通常很小。这些公共区域一般建立在住宅区的核心区域，大多数不超过 500 m^2。这些公共区域和商店、公园、娱乐区等相联系，为住宅区的居民提供了便捷的消费、娱乐和社交活动。居住小区公园的面积取决于小区的范围、所处的区域。如果小区靠近一个更宽敞的公园，那么公园的面积可能会更小。不过，公园的面积必须和小区的其他景点协调一致。这样，小区的公园才能满足小区业主和家庭的需求。因为居住小区人口流动性较大，所以应在公共区域增加几个进出口。在公共区域的核心位置，应保存一些具有历史价值的古老建筑，并增添一些绿化。

居住小区公园的规模较小，但是其功能却非常丰富。居住小区公园里配备有各种各样的游乐、娱乐、健身、康复设备，比如儿童游乐园、健身中心、休闲区、大型多功能运动器械、绿色植物、精心布置的路障、景观灯、凉台、花坛、椅子、桌子等，以便适应居住者游玩、休闲、健身的需求。

居住小区的公园若安排得恰到好处，不仅能够满足居民的日常需求，还能够根据当地的地理环境，灵活安排，让居民和其他使用人员享受到舒适的生活环境。此外，还应在居住小区公园的边缘设置一条安全防护线，不仅能够给周围的环境增添绿意，还能够有效降低周围的噪声和灰尘污染。

通过在居住小区建设小型公共花园，可以让居民的出行更加便捷。这种公共花园的建设需要对植物的选择和搭建进行严格的控制，并且应注重所选植物对不同季节的适应性。为了展示春天的美景，可以栽培如玉兰、连翘、海棠、迎春、垂柳、樱花等植物。在夏天，可以栽培如栾树、合欢、木槿、石榴、凌霄、夏堇、矮牵牛、蜀葵等植物，让公园的景色变得更加美丽。

在居住小区公园里，根据当地的特点，精心布置各种各样的植物，如花坛、花境、花台、花架、花钵等，不仅给人以美观的视觉享受，还能够营造舒适的休闲氛围，让人们在自然的环境中拥有宁静的心情。

3. 居住组团绿地

在居住组团中，每个社区都有自己独特的绿色空间。这些空间的尺寸、位置以及外观都会因社区的不同而不同，并且专门为社区中的年长者或孩子提供娱乐、放松的环境。

居住组团绿地既可供人们锻炼身体，又可供他们进行社会性的互动。然而，由于社区的绿地面积相对较小，很难满足人们在不同季节对植物景观的需求，因此可能会出现混淆。最佳的管理策略应采取分片分层的管理模式，即每个片段都种上适宜的植被。在选择植被时，应注重选择对人体友好的植被，如银杏、柑橘等；还应选择具有清新空气、提神醒脑的芳草，如薰衣草、栀子花等，以及具有吸引力的树种，如海棠、火棘等。同时，重视利用自然界的循环与再生机制，来确保社区的生态稳定。在居住组团绿地中，应充分利用各种不同的树木，如乔木、灌木、草本等，进行适当的排列，形成一个层次、品种、结构、色彩丰富的植物群落，从而达到良好的生态平衡与循环。

绿地是一个为了让居民共同生活而设计的区域，它可以为居民提供舒服的室外环境，便于他们开展户外娱乐项目。由于这些绿地离居民的住处很近，因此很容易被使用。然而，这些使用者中有一半是老年人和儿童，或者是携带孩子的家长，所以在设计这些绿地时，我们必须考虑他们的身心需求。

为了满足各个年龄段的人们的需求，在规划居住区的组团绿地时，特别是针对那些需要更多活动的学龄前儿童，更需要细致规划。为了增加绿地的独特性，可以在广场、街道、公园、幼儿园、街心公园等区域建造组团绿地，在这些区域里种植多样的花卉和树木，以增加其个性。

除了为社会带来更多的便利，提升社区的文化氛围也至关重要。为了营造独具一格的社区环境，造园者应将文化元素融入社区的景观规划中，以体现出社区的文化魅力。

另外，造园者还应从空间利用角度出发，规划设计居住区组团绿地。

组团绿地的设计受到建筑布局的影响，其不仅可以为居民提供半公共空间，还能够拓展住宅间的绿化空间，为居民提供更多的户外活动机会，同时也为周边的空间环境带来更多的美感，从而有效地利用土地和空间。

在开放的社区里，人们可以随意走进社区的公共绿化空间，而无需担心任何障碍。相比之下，封闭的社区公共绿化空间通常会被围墙或栅栏围起来，里面主要是草坪或者雕塑，没有任何活动的空间。

（二）公建设施绿地

在城市中，建造公共场所都必须考虑绿色空间问题。这些场所包括：健身中心、博物馆、剧场、餐厅、银行、邮局、幼儿园、托儿所等。这些场所的绿色空间应该满足它们的特定需求，并且应该结合城市的其他景观，形成一个和谐的整体。

为了让学龄前儿童在托儿所和幼儿园里得到良好的教育，周围的绿化应该根据他们的特点来设计。在托儿所和幼儿园里，所种植的植物应该具有优美的树形、少受病虫害的影响、鲜艳的颜色和明显的季节变化等特点，以便让环境更加丰富多彩，气氛更加活跃，同时也能帮助学龄前儿童更好地理解大自然，增长知识。

为了保证儿童的安全，可以选择落叶乔木，这样可以减少对儿童的伤害。同时，应该避免种植会导致疾病的植物，例如带有细小的飞沫、尖锐的刺、具有致命性和恶劣气味的植物，比如夹竹桃、二球悬铃木、皂荚、月季、海州常山、凤尾兰、漆树、暴马丁香等。此外，还可以选择儿童们喜欢的、形状独特的植物，用来搭建需求舒适的活动场所或者凉亭，以便让儿童们能够安心地玩耍。

（三）居住区道路绿化

在居住区，道路绿化不仅是“点”“线”“面”的连接，还能把不同种类的绿色空间连接在一起，使得它们能够满足居民需求的多样性以及提供更多的便利性。因此，在设计和建造居住区道路绿化时，应该采取更多的相关措施，以建设一个健康的、景色宜人的人造环境。

“绿线”设计旨在通过改善街区的景观，营造出一种有序的氛围。因此，可选择冠大阴浓的行道树作为设计的重点，并在其周围种植一些小型的花卉，形成一个美丽的绿色长廊，使得街区的绿化更加美观。当选择植被的时候，应该充分考虑植被之间的联系，尤其是植被和建筑之间的气候条件。同时，应重视植被如何提高建筑的采光、遮阴效果。此外，应该根据当地的气候条件，选择适宜的时令植被，如五彩缤纷的花卉和美丽的叶子，以建立一条美丽的绿色通道，使整个街区的环境更加美丽。在设计中，需要考虑居住区道路与城市道路的差异，并采用独特的植物搭配技巧来营造出与众不同的植物景观。这样，就能让植物、景观、景观设计等元素融入整个居住区道路绿化中，让居住区道路绿化变得更加丰富多彩。

1. 主干道绿化

为了保证行人的舒适度，确保行车的安全，需要对主干道绿化的植物进行精心的设计。首先，为驾驶者提供良好的庇荫，保证他们的安全。其次，确保其冠大荫浓，使其能够更好地吸收太阳光，更好地保护周围的环境。最后，在不同的地方采取不同的植物搭配方法，使整个主干道绿化更加美观。通过改变道路的设计增加其美感，同时在建筑物周围栽培花卉，打造出休闲区域。

2. 次干道绿化

次干道作为连接居住区的道路，不仅是一个供行人出入的地方，更是一个供人们休憩玩乐的场地。为此，在建筑设计次干道绿化时，必须特别注意满足人们的视野、听力、触觉体验。在植物的选择方面，尽量采用可以给予多彩视觉效果的植物，比如合欢、樱花、紫叶李、红枫、乌桕等。通过将次干道的自然景观与周边的社区自然景观相融合，可以为公园和居住区增加更多的风景，从而提高居住区整体的美观度。

3. 住宅小路的绿化

住宅小路是联系各幢住宅的道路，其使用功能以行人为主。住宅小路的绿化布置可以在一边种植乔木，另一边种植花灌木、草坪；也可一侧以草坪为主，另一侧以乔灌结合的方式进行道路绿化。要注意宅前绿化不能影响室内采光或通风；在小路交叉口要适当拓宽，与休息场所结合布置。在公共建筑前面，可以采取扩大道路铺装面积的方式与小区公共绿地、专用绿地、宅旁绿地结合布置，设置花台、座椅、活动设施等，创造一个活泼的活动中心。

（四）宅旁绿地

在街道两侧、楼房与楼房之间以及楼房周围的空地上，都可以看到绿色的景观。这些空地对于居住区的美观和舒适起到了至关重要的作用。在设计宅旁绿地时，需要充分考虑居住区的特点，比如房屋的种类、楼高、楼间距以及楼房的排列方式和整体外观。

1. 宅旁绿地的特点

（1）宅旁绿地的活动功能

一般来说，居住区的人们每天都会进行社区活动，包括老人、孩子等的休闲活动，社区互助，垃圾清理等。社区周围的绿带应能够有效地保护社区活动的场所，如抵御风、抵抗阳光、抑制灰尘、抑制噪声、改变周围的小气候、控制室内的温度、控制相对湿度等。

（2）宅旁绿地的时空特点

宅旁的绿地是一个布满着季节变换的美丽环境，四季交替，各种植被和动物都在这里展现它们的美丽。由于住房建筑的不断变高，宅旁的绿地设计变得更加复杂，从单一的台阶到复杂的平台，再到精心设计的连廊，这些不同的设计使得宅旁的绿地更具有视觉冲击力，更能够满足人们的不同需求。

（3）宅旁绿地的识别性

为了让住宅建筑更加引人注目，宅旁绿地的设计应独具特色。我国传统的园林艺术和处理技巧已经被广泛应用于宅旁绿地的规划和设计。通过选择不同的植物材料，并采取适当的布局，可以让绿地更加具有特色，更容易被居民辨认。结合不同的建筑类型和特征，在宅旁绿地上运用多种技术手段，营造出独具特色的绿色景观，从而达到良好的视觉效果。

（4）宅旁绿地的制约性

宅旁绿地的面积、形体、空间性质受地形、住宅间距、住宅组群形式等因素的制约，主要包括：当住宅以行列式布置时，绿地为线型空间；当住宅为周边式布置时，绿地为围合空间；当住宅为散点式布置时，绿地为松散空间；当住宅为自由式布置时，绿地为舒展空间；当住宅为混合式布置时，绿地为多样化空间。居住建筑的密度一般较高，宅旁可绿化地带的面积小而散，因此空间构成较零散，除了沿街地段以外，宅旁绿地多属于内向型空间，限定性较强，视线较封闭。随着居住区规划设计水平的不断提高，住宅建筑布置发生改变，建筑布局开始多样化，空间组织也开始多样化。新的空间秩序使得宅旁绿地空间的制约也在变化，将会更有利于宅旁绿地空间的形成。

2. 宅旁绿地的类型

（1）树林型

通过植物的组合，种植一片茂密的树林，这些树林通常都是开阔的，并且能够让人们在其中自由自在地活动。这样的树林能够很好地改善住宅区的生态状况，但也存在一定的局限性。因此，设计者应该根据实际情况，选择合适的植物，如速生树与慢生树、常绿树与落叶树等，来丰富绿地的景观。

（2）花园型

通过将住宅附近的建筑物用栅格或栏杆包裹起来，营造多样的景观，种植各种植物，配置各种景观灯、景观小品，使整个社区充满了活力与美感。

（3）草坪型

采取草坪绿化的方法，可以通过栽培一些乔木、灌木、草花等来增添美观度，尤其是对于单身公寓、复合型公寓等建筑。对于草坪的维护与保持，需要更加严格的技术。

（4）棚架型

通过在室内安装棚架来进行绿化（如花架、葡萄架、瓜豆架，还有可作商品的金银花等），不仅可以增加空间感，还有一定的经济价值。

（5）篱笆型

为了营造一个舒适的居住环境，可采取一些创新的措施，例如，使用 80 cm 以上的桧柏构建 1.5 ~ 2 m 的绿色栅栏，以此来划定居住的空间，并将其与其他的宅旁绿地空间相连接，以及利用开放的花卉，比如南方的扶桑、栀子等，来改善居住区的空气。

（6）庭园型

通过绿化来增添园林景观，例如安装花架和山石。

（7）园艺型

根据居民喜好，在宅旁绿地种植果树、蔬菜，一方面作为绿化，另一方面产出的果品蔬菜可供居民享受田园乐趣。一般种一些管理粗放的果树，如枣、石榴、柿等。

3. 宅旁绿地的植物景观设计

（1）住户小院的绿化

第一，底层住户小院。针对低层或多层住宅，应该根据其建筑的特点，将 3 m 的空间划分成一个独立的庭院，并且将其周边的环境设计成一条美丽的风景线。庭院的周边环境应该采取一致的设计，而庭院的内部环境应该根据居民的需求，采取不同的设计，比如采取盆栽植物的形态，还有其他装饰性的设计，使得整个庭院更加美观大气。

第二，独立私人庭园。这类庭园通常有 20 ~ 30 m^2 的空间，因此需要考虑居民的个人需求。通过建造小型的水塘、草坪、花园和山石，安装花架并种植一些藤蔓植物，来增添庭院的绿化效果，并让居民感受到自然的魅力。

（2）住宅建筑的绿化

绿化是住宅建筑的重要组成部分，应多层次地融入建筑的各个角落，如架空层、屋基、窗台、阳台、墙面、屋顶花园等，以达到与整个建筑风格协调一致的效果。

第一，架空层绿化。近年来，许多新兴的高楼大厦都会在其一楼设置一个半封闭的绿色景观，以此来取代原本的封闭式景观。该景观不仅能够给居民们带来舒适的生活，还能够让居民们在室内享受到自然的美景。

在高楼大厦的顶部，绿化设计通常采用与普通公共场合的绿色设施相同的手段。然而，在这种情况下，因为周围的光线比较弱，并且楼房的高度有限，所以应优先使用抗旱的树种，如小乔木、灌木或者地面植物。而在其他部分，如园林建筑、假山等，应进行合理的安排，如放置景观石、园林建筑小品。

第二，屋基绿化。绿化工程包括在住宅周围的墙壁、角落、门前和入口处种植植物。通过对墙壁的绿化，能够为建筑和周围环境带来更加美丽的景观。通常，会采取有序的方法来摆放灌木，或者在墙壁的两侧栽培爬山虎和络石。

一些家庭窗边的绿色装饰是非常有益的。有些人会选择一些常见的植物，比如竹，有“移竹当窗”的说法，它们会包围整个住宅，提供良好的采光和空气流动。另一些人则会选择一些特殊的植物，它们会吸引人们的注意力，还会给住宅增添一些生机。还有一些人会选择一些装饰品，比如花坛或者花池，它们都会给住宅增添一些色彩和活力。

在住宅入口处，通过将台阶、花台、花架等组合在一起，构成一条优美的景观线，不仅可以作为户外进入房间的过渡，还可以起到“门厅”的作用，减少强光刺激，让人们感受到舒适的环境。

第三，窗台、阳台绿化。绿化窗台和阳台是人们与大自然交流的重要场所，它不仅可以为室内提供舒适的环境，还可以丰富建筑的外观。阳台的形状可以是凸出的、凹陷的或半凸半凹的，它们的日照和通风条件各不相同，因此需要根据实际情况选择适宜的植物。

窗台、阳台可种植物的地方有三处：一是阳台板面，根据阳台面积的大小来选择植物，但一般植物可稍高些，阔叶植物从室内观看效果更好，使阳台的绿化形成“小庭院”的效果。二是置于阳台栏板上部，可摆设盆花或设凹槽栽植，但不宜种植太高的花卉，这有可能影响室内的通风，也会因放置不牢固，在大风时发生危险。三是沿阳台栏板向上一层阳台成攀缘状种植，或在上一层栏板下悬吊植物花盆成“空中”绿化，这种绿化能形成点、线甚至面的绿化形态，无论是从室内或是室外看都富有情趣，但要注意不要满植，以免封闭阳台。阳台绿化一般采用盆栽的形式以便管理和更换，不过要考虑置盆的安全问题。另外阳台处日照较多，且有墙面反射热，故应选择喜阳耐旱的植物。

第四，墙面绿化和屋顶花园。通过对建筑物的墙壁、天井以及地下室的植物种植，可以大大提升建筑物周围的生态系统，从而实现更多的绿色可见。这种植物种植可以让建筑物的外表更具现代感，同时也可以为居民提供更多的休闲娱乐场所。

4. 宅旁绿化注意事项

在住宅旁的绿地上，人们可尽情欣赏周围的景色，同时也能在这里进行各种户外活动。这些绿色的设计不仅有利于保持住宅区的清洁，还能提供充分的空气流通，让人们在家中感受大自然的魅力。

（1）以植物景观为主

为了提升宅旁绿地的绿化率，设计者应该采取更多的措施，比如种植季节性的树木和花草以及绿篱，以便在一年四季中都能看到不同的季节变换，让居民感受到生机。此外，为了保持居住环境的宁静，应根据功能需求来选择绿篱的高度和宽度。为了让宅旁的绿化更加美观，应选择那些能够抵抗强烈阳光和阴影的耐阴植物，以达到最佳的绿化效果。

（2）美观、舒适

在进行宅旁绿化设计时，应该特别关注庭院的规模，并精心挑选出最佳的植物，这些植物的外观、体积、高度、颜色、四季的变换都应和庭院的规模和建筑的结构协调一致，以营造一个美观的、和谐的景观。

为了满足居民的日常使用，低楼房的小区应该采取措施来划分和安排宅旁绿化。例如，可以使用围栏和绿篱来阻挡对垃圾的视线。此外，当选择栽培乔木的位置时，应和建筑的地面管道相配套，并且保证它们不会直接通过庭园的绿色空间。为了保证居住环境的需要，应保持乔木和建筑物的外墙有一个适当的距离。如果两者太靠近，随着时间的推移，乔木可能会对建筑物的日常照明和空气流动造成不利的影响。

除了要考虑空间利用率，在进行绿化设计时，也需要谨慎把握尺寸，以防止因为植物的品类过多导致空间过小，出现空缺或死角。

（3）内外绿化结合

宅旁绿化是一种将庭院内外的自然环境融入居民生活中的有效手段，它可以让居民在舒适的环境中享受大自然的美景，也能让植物群落保持自然的状态。为了达到这个目的，宅旁绿地通常会采取孤植或丛植的方式，而不会进行规则式的修剪。

（4）绿化布局、树种选择要多样化

对于传统的行列式住宅，由于缺乏多样性，很难让人一眼就能认出它们。因此，我们应该采取多样的树种，例如桂花、柑橘、柿子、枇杷、杨梅、无花果、葡萄、草莓等。

（5）栽植注意事项

为了避免在居民区内受到大范围的阳光照射，应在居民区内选用抗逆性强的植物，例如桃叶珊瑚、罗汉松、十大功劳、珍珠梅、金银木、玉簪、鸢尾、麦冬等。同时，由于居民区内的水电设施较多，应该注意留有适当的空间，以免产生不必要的干扰。种植树木时，应该注意保持室内空气流畅和阳光充足，特别是在朝北的窗户旁边。

（五）居住区外围绿地

为了改善居住区的环境，设计者应该在其周围建立一些绿地。这些绿地不仅能够作为居住区内部和外部绿地的过渡地段，还能为居民提供一个休闲娱乐的场所。同时，这些绿地还能形成一道绿色的隔离带，使居住区更加美观。在进行园林绿化时，应该注重保护林木的延续和完善，并综合造园工艺，为居民创造一种宜人宜居的空间。

在某些社区，因为靠近交通枢纽，所产生的噪声和污染问题尤为突出。为了解决这个问题，在设计绿地的时候应该格外注意植物的种类，例如种植较为茂盛的落叶乔木、常青乔木和花卉植物，这样可以提升社区的环境质量，并保证居民的健康。绿地环绕着居住区，它们构成了一道美丽的景观线，其中的起伏变化不仅使城市更具有层次感，而且还为居住区带来了景观风情。

二、居住区绿化原则及植物选择

（一）居住区绿化原则

1. 注重生态效益

以生态学理论为指导，居住区园林绿化应将保护和恢复城市生态环境作为首要任务，努力实现人与自然的和谐共处，通过成体系的公园自然绿化、多样的动植物开发、可持续的植被造景方法，达到平面上的整体性、空间上的分层性、时间上的持续性，提升居民小区的自然环境品质，促进社会的可持续发展。

在居住小区的景观设计中，应当充分考虑自然植物群落的特点，如层次、色彩、疏密度和季节变化，以及它们对生态环境的影响，并结合各种植物的自然环境学特点和生理学特点，通过科学的搭配，从而实现单元空间园林绿化量的最优化。

为了实现绿地环境的自然化，设计者应加强物种的多样性，建立完整的种群。这不仅是提升树林绿地生态系统功能的关键，也是保护环境的基础。我们应该深入研究地带性群体的树种构成和特征，合理选择植株，充分利用园林环境空间自然资源，增加林下植被，彻底改变单纯物种密植的模式，以期营造出稳固而美丽的居住区生态景观。居民小区的园林绿化不仅是通过大规模的草地来实现的，还要结合乔木、灌丛和草地，形成一个完整的立体绿化网络系统，以此来改善居住区空气质量。

在挑选植物品种时，应该充分考虑自然环境特性，重视其适应性。为了达到最佳的绿化规划设计效果，住宅小区内的花卉、树木应该具有多样化，并且配置科学合理。例如，当建筑物楼群比较稠密，光照不足的条件下，应该尽可能选用阳性树种，而在楼群的背阴面，则应该选用耐阴的树木。此外，在地下管线较多的地区，应该选用浅根性的树木，或者直接栽植草皮；而在建筑垃圾多、土质不好的地区，则可以采用更加耐旱的树木来提高植被的生长效率。

2. 绿化与美化相结合，树立用植物造景的观念

绿色植物是一种重要的生态元素，它们能够调节生态平衡。通过改变大树的高度、树冠的多少、树形的姿势等，为环境带来丰富多彩的效果，增强绿化水平，提升空间感，打破建筑物的单一性，让整个居住区更加生机勃勃，更加美观多彩。通过绿化，居住区可以形成一个完整的空间结构，从而提升居民的生活质量。在居住区的绿化规划设计中，应该结合建筑小品、块状绿地等元素，精心打造一个宜人、安静、高雅、美观、实用的绿色空间，以满足居民的需求。

3. 居民区的绿地要留有一定面积的居民活动场地

居民的业余活动多是为了减轻身心压力。为了满足这一需求，居民区应该设置适当的公共绿地，以便居民们在这里进行各种体育锻炼，比如太极拳等。同时，为

了保证居民的健康，应该尽量避免在主干道两侧的道路上进行活动。在规划设计中，必须充分考虑硬覆盖地面广场、园路、建筑小品等元素的比例，以确保小区绿地的完整性和美观度。

（二）居住区绿化植物选择

1. 选择具有生态效益的植物

第一，抗污染的树木能够有效地净化空气。

第二，采取多种措施保护环境，比如种植可以抵御风力、减少噪声、抵御污染、吸附有害物质和阻止火灾的植株，例如女贞、樱桃、大叶黄杨、石榴，以及榆、朴、广玉兰、木槿等，这些植株可以抵挡灰尘；侧柏、合欢、紫薇可以抵御细菌，龙柏、梧桐、垂柳、云杉、海桐可以减少噪声；珊瑚树、苏铁、银杏、棕榈、榕树可以预防火灾。

第三，为了保证居民区的安全质量，特别是儿童活动区域应当尽量避免使用含刺或有害成分的植株，比如夹竹桃、玫瑰、黄刺玫、杨柳等。

第四，在居民区可使用一些适合遮阳的植物。例如垂丝海棠、金银木、枸骨、八角金盘等。

第五，重视竖向绿化的布局。通过将乔木、灌木和藤蔓结合在一起，可以提升绿地的覆盖率，从而提升整体的绿化效果。

第六，要充分考虑植物的多样性，合理选择常绿乔灌木，以保持居住区的空气质量，减少噪声和灰尘污染，促进居住区的生态平衡。

第七，优先考虑具备良好根系的园艺植物。这些植株可以通过其强大的吸附力，将污染的空气、毒素等从土壤中清除，从而维护环境的健康。

2. 植物配置的选择

第一，乔灌草的搭配应恰如其分。常绿与落叶的搭配，快熟与耐寒的搭配，以此来实现植物的多样性，从而让绿化更加美观，同时也可以有效提升绿化的覆盖面积。为了提高生活质量，可在居民小区里增加乔木，并在这些乔木的基础上种植攀缘植物，这样可以让整个小区的环境变得生动有趣。

第二，在选择高耸的乔木时，必须根据不同地区的环境条件，精心挑选合适的树种，以确保其可持续发展。在设计中，除了保持整体的协调外，还需要注重多样的变化，以营造具有独特魅力的风光，如玉兰院、桂花院、丁香路、樱花街等，以此来突出城市的多样性。为了营造丰富多彩的景观，我们可以采取多种措施，包括精心挑选各种树型，例如雪松、水杉、龙柏、香樟、广玉兰、银杏、龙爪槐、垂枝碧桃等，以达到最佳的景观效果。此外，还可以在树林的周围种植一些较为稀疏的开花灌木，比如贴梗海棠、海桐、杜鹃、金丝桃等，以增加树林的美感，从而达到更好的树林景观效果。在设计树林的过程中，要注意树种间的空间分布，以便建立一个具备良好的自然变化的生态系统，从而实现树林可持续的繁荣。

第三，植物配置应体现四季有景、三季有花，通过适当的配置和点缀，营造丰富的季相变换。在种植设计中，充分利用植物的观赏特性，进行色彩组合与协调，以植物叶、花、果实、枝条和干皮等在一年四季中的色彩变化为依据来布置植物，做到一带一个季相，或一片一个季相，或一个组团一个季相。

第四，居住区绿化不仅要满足建筑的美观需求，还要考虑居民的需求，以及绿化如何改善空气质量，特别是在采光、通风、防西晒和抵御西北风的侵袭等方面，要营造一个更加科学、更加人性化、更加舒适的环境；应该根据建筑物的不同位置、外观，精心挑选出具有多样形态、多样颜色、多样层次和多样生物学特征的植物，将它们与建筑融为一体，与周围环境和谐统一，从而创造出完美的景观效果；应尽量避免靠近建筑物和地下管线，以确保各设施的安全。

第五，因地制宜。在居民区的绿化过程中，要根据当前的环境情况，合理使用低矮的山丘、沟谷、河流等，最大限度减少土地的浪费。同时，要积极维护、管理好当前的树种，尤其要重视古老的、珍贵的植被，将其纳入绿色景观的规划之中，从而最大限度地减少投入，达到最佳的绿色环境。

第六，为了更好地进行植物保护，应采取更加环保的措施，例如使用抗病虫、抗逆性较高的本地植物，这样既能节省植物保护成本，又便于能更加容易地进行维护。

第七，应充分利用植物的多样性，从而实现最大的经济效益。比如，葡萄、黄金花、五味子、栝楼、荷包豆、苦瓜、丝瓜等，它们既具有极佳的观赏性，又具有丰富的食疗价值，既可作为绿地的支撑构件，又可作为农业的种子，还具有重要的社会意义。除了杨梅、荔枝、橄榄、樱桃、石榴、柿子、香椿、连翘、乌药、牵牛花等，还有许多种类的植物，它们不仅具备美化环境的作用，还具有丰富的营养，为居民提供了更多的绿色健康食品，从而提高了居民的生活质量。

（三）居住区景观设计新趋势

1. 因地制宜设计居住区景观

在规划和建造居住时，设计者应充分考虑当地的环境条件，并结合当前的发展趋势，采取适当的措施来满足居住区绿化的需求。同时，也应加强对于建筑和环境的保护，必须始终坚持将功能、地理、社会、文化和艺术融合在一起。

2. 提高景观设计学科水平

相对于发达国家，我国的景观学学科发展还有待进一步提升，学术体系需要进一步完善。但是，居住区的景观规划和布局，绝非仅靠一些绘图技巧和植被搭配就能完成的，更多的是复杂的系统性过程。因此，设计者必须具备多学科的知识，包括艺术、绘画、材料、园林、结构、心理学、行为学、音乐、文学等，以便更好地将这些知识融入实际的景观规划之中。为了推动居住区景观的改善，我们需要提高景观设计的专业知识和技能。

3. 完善设计规范和监督

目前，我国景观设计行业的管理制度尚未完善，导致景观设计单位资质的审批、招投标程序以及工程验收等环节的管理和监督存在漏洞。园林景观规划设计管理部门应当加强对居住区景观设计的管理，制定完善的管理政策和监督机制，以确保其能够有效地实施，从而提升其效果。

第二节　城市道路植物景观设计

在城市里，植被被广泛应用，从街边、公共区域到居民区，从学校到游乐场，从汽车站到住宅区，构建起一个完整的城市景观。

城市道路绿化对于改善交通状况至关重要。为了实现这一目标，设计者应将道路两侧的绿化区域进行合理的规划。这样，就能尽量避免交通事故，更能提高整个社区的美感。此外，还应将绿化区域划定为多个功能区，比如停靠点、休息区、绿化区、公园绿地、游览区等。

通过“线”的方式连接起来，城市的道路绿地构成了一个完善的、多样的环境。这些绿色的线条将城市的各种元素串联起来，为居民提供了一片宁静的空间，同时也为城市建设增添了一份活力。通过运用不同颜色、富含季相变化景观，为一个城市增添多样性，营造一种宁静而温馨的气息。比如，北京高耸的毛白杨、油松、国槐，让其显得格外高贵；而在南京，茂密的二球悬铃木、端正的雪松，也是独一无二的景观。

一、城市道路分类与绿地类型

植被景观的种类可以根据道路的特点来确定，还需考虑它们的周围环境、安全需求以及风格。在规划、实施以及维护过程中，必须综合考虑各种因素，以实现最佳的效果，既保证了科学的规范，又保证了艺术的精致，还可以节约成本。

（一）城市道路分类

道路网络由许多不同类型的道路组成，其差异性不可忽视。根据道路的性质与作用，城市道路被分为高速干道、快速干道、交通干道、区干道、支路、专用道路六大类。

“城市绿地”通常被描述为在交通枢纽附近的公共区域，这些区域可以作为公共建筑的一个组成部分。它们反映出当前社会发展的水平，并为居民提供舒适的生活环境。在开始为城市道路进行绿化之前，我们需要充分考虑该地区的地理环境、交通状态等来确定应使用的树种，以确保制定一个有效的规划。

（二）城市道路绿地断面布置形式

城市道路的绿地断面布局是规划设计的重要组成部分，它们的形状、大小、宽度、长度等都会影响道路的使用效果。在城市规划设计中，应当充分考虑这些因素，以便更好地满足交通需求，并且营造美丽的植物景观。

1. 一板二带式

一条主干道和若干次干道是最普遍的公共绿化道路。主干道由机动和非机动交通工具组成，次干道则由步行通道和非机动交通工具组成。这些道路绿地的优势为结构紧凑，易于维护和使用，而且土地成本相对低廉。如果主干道太宽，则会导致行道树的遮阳性能不佳，使得公共环境变得单调；汽车的不规则运动也会对道路绿地的管理造成阻碍。

一板二带式道路绿地适用于次要道路、城市支路和居民区。通常，它会选择单一的树种，但也可以在两棵乔木之间插入灌木。如果道路两侧明显不对称，例如，一侧临河或有建筑物，可只栽一行树。

2. 二板三带式

采取二板三带式设计，不仅要将行道路两边的行人区域划分为独立的行走区域，而且要建立一条宽阔的分车绿带，以便将行道路划分为 1 ~ 2 行的行走区域，可在行走区域种植如草坪、宿根花卉和花灌木等。

这种形式的交通系统特别适合在人流量较大的城市干道，比如工业园区、旅游胜地等，它能够有效减少车辆之间的碰撞，从而提升交通的安全性。

3. 三板四带式

通过在车行道上设置两条分车绿带，将其分割为三条道路，其中一条用于机动车通行，另外两条用于非机动车通行。在分车绿带的宽度足够大的情况下，可以种植一些乔木，如花灌木和绿篱造型植物。这种景观设计不仅能有效地抵御夏季的酷热，而且能解决机动车与非机动车之间的混行问题，使得交通更加便捷、安全，特别是在非机动车数量众多的情况下更为合适。

4. 四板五带式

通过设置三条分车绿带，可以有效地划分出两条机动车道，两条非机动车道，从而实现两者的有序交通，避免交通拥堵，确保交通的安全。这种设计方案特别适合在拥堵的交通要塞，如快速公交线路、快速轨道交通等，且占据的土地空间比较宽敞的道路。

鉴于各个城镇的自然状况各异，在设计道路植被景观的过程中，应当根据实际情况灵活运用，以达到最佳的植物景观效果。

二、一般城市道路的植物景观设计

（一）人行道绿带的植物景观设计

人行道绿带是一种特殊的景观设计，它位于交通流量较大的路段，从车行道边缘延伸至建筑红线，既可作为行人通行的隔离区，也可作为路侧绿带或基础绿地，为行人提供一个安静、舒适、清新的环境，使他们能在其间自由穿梭。因为绿带的宽度各不相同，所以植物的布局也各有差异。

1. 行道树绿带

行道树绿化区域位于交通枢纽附近，为行人提供足够的遮阴之处。这些区域的大小取决于交通工具的特点、用途、环境因素，路宽通常不会超过 1.5 m。

（1）行道树的种植方式

种植行道树的方法包括种植在树带上和种植在树池里。

第一，采取树带式。将人行道和车行道的路面进行有效的隔离，以保证行人的安全。一条树带的宽度一般应大于 1.5 m，其中包括一行乔木、一行绿篱，或者多行的乔木，以及一些花灌木、宿根花卉、地被植物等，以此来增强行走的安全性。

为了保证绿化，应在没有太多交通拥堵的环境中，使用覆盖草坪的技术来促进树木的健康成长。此外，还应在绿化区域内保持合理的空间，并且保证每个绿化区域都能够被正常使用。

第二，采用树池式。这种设计适合那些拥挤的、有很多行人的且人行道很短的公共场所。可选择一个正方形的树池，且边长不小于 1.5 m，如果是圆形，直径不小于 1.5 m。应将树池设置在路面的正中央，以免受到路过车辆的撞击。

为了让树木在人行道上占据更少的面积，以及防止踩踏，建议在树池的上方安装一个透空的池盖，使其与路面保持一定的高度，从而大大增加人行道的宽度，并且让雨水能够更容易渗入树池内。

当绿带变得更宽阔时，可以通过将乔木、灌木和地被植物有机地结合起来，以增强其防护性，并且提升景观的美感。

（2）行道树绿带的布置形式

行道树绿带多采用对称式，两侧的绿带宽度相同，植物配置和树种、株距等均相同，如每侧一行乔木，或一行绿篱、一行乔木等。

道路横断面为不规则形式时，或道路两侧行道树绿带宽度不等时，宜采用不对称布置形式。如山地城市或老城区道路较窄，采用道路一侧种植行道树，而另一侧布设照明杆线或地下管线。当采用不对称形式时，根据行道树绿带的宽度，可以一侧种植一行乔木，而另一侧种植灌木；或一侧种植一行乔木，另一侧种植两行乔木等；或因道路一侧有架空线而采取道路两侧行道树树种不同的非对称栽植。

当遇到弯曲的街道和交通枢纽时，应避开那些会影响司机视线的树木。

在设计城市道路绿化时，我们通常会选择单独种植乔木或者种植各种类型的树。这种做法通过树池的种植方式来实现，并且这些树池与路面应该保持相同高度。这种做法也被广泛应用于城市绿化工程，以提高城市绿化的效果。特别是当我们选择了那些需要保持安静和舒适的场所时，这种做法就显得更加合适了。在前往纪念馆和政府部门等公共场所，为了改善环境，建议在公共场所的转弯点以及其他地方进行植物改造。

（3）行道树绿带的设计要求

为了确保行人和车辆的安全，行道树应该保持在 2.5 ~ 3.5 m 的高度，这是根据分枝角度而定的。

为了满足交通和双向流动的要求，选择合适的行道树时，要综合考量树种的特征（尤其是成年树的冠幅）、植物的尺寸和周围环境的影响，确定最佳的植物间隔。一般来说，植物间隔最好是 4 m，但是，对于较高大的乔木，最佳的植物间隔为 6 ~ 8 m，这样才能确保植物获得足够的空间，并且方便消防、急救、抢险等车辆的出入。在设计时，要求树的主干高度应在 0.75 m 左右，这样才能保证其能够顺利地生长并能够平稳地排列，避免倒塌。

2. 路侧绿带的植物造景

路边绿化区是城市景观的一个重要元素，它所占的面积相对较小。这种区域通常会被用来修饰和美化城市景观，包括：一种方式是将城市景观区域围绕着一栋或多栋建筑，作为城市景观区域的一个支撑；另一种方式则是将城市景观区域围绕着一条或多条主干道，作为城市景观区域的一个补充。

为了营造美丽的环境，路边的绿带必须考虑周围的土壤、环境、人文条件以及其他需求。为了达到这个目的，我们可以选择种植各种不同类型的树种，如乔木、灌木等，以及适宜的植物颜色。这样，我们就能将树种、土壤、环境、人文条件、建筑风格融为一体，使得这条道路更加美丽。

第一，在道路两旁，应当在建筑物和交通标志之间进行适当的绿化布局。我们需要在建筑物的外部进行大量的植被改造，包括草坪、绿篱、灌木丛以及其他景观。这些改造措施旨在提高空气流动性，减少对环境的污染，同时也有利于保护公共空间。为了营造更加美观的外观，我们应该在建筑的转折点上安排一些花园，使其与周围的环境相呼应。而且，在那些空间狭窄、环境不佳、无法进行有效绿化的区域，还应使用攀缘植物进行美观装点。

第二，在建筑物与人行道之间留出一条空隙，以便行人通过。在许多商业区域，以及提供各种文娱活动的地方，都会在两条主要的人行通道上种一些植物。这两条通道通常是临时的，可以方便居民通往不同的目的地。在这两条通道中，还会种植适当的绿色植被，以满足不同人们的需求。在大多数情况下，街道是遮阳需求很强的地方，因此适合栽培两行乔木。但是，当需要突显建筑物的外形和橱窗的时候，就需要考虑美学效果，选择低矮的常青藤、开花的灌木、绿篱、花卉、草坪。

第三，在建筑物超越道路红线之后，应当在其周围留出足够的绿地，并将其与道路红线相连接，形成一个完整的绿带。随着绿带的不断扩大，其中的植物种类变得越来越多样化，通常只要有 8 m 的宽度，就可以建成开放的植物群落，比如街边的儿童乐园、公共停车场、公共健身场等。除了路边的绿带，还可以将它们与周围的绿地结合起来，打造出街边的游乐场，或者将其与街边的住宅区、公共建筑前的绿地等结合在一起，形成另一种景观。

（二）分车绿带的植物景观设计

分车绿带是一种重要的交通设施，它可以有效地隔离车辆，从而确保不同速度的车辆都能够安全、高效地行驶。它既可以疏导交通，又可以保障行人的安全，从而有效地提高了交通效率。在某些情况下，分车绿带可以作为一个临时的空间，用于扩展道路，还可以用于安装地下管线、安装路灯、建造公共交通站点和安装各种交通标志。

植物景观在道路上扮演着重要的角色，它不仅能够改善道路的线性景观，还能够为道路增添美感。为了确保交通安全，提高交通效率，道路植物景观的配置必须考虑整体的艺术感，应结合路形、建筑环境、交通情况等因素，使道路景观更加有序、美观。考虑人行道绿化带的独特性，我们采用多种植物造景手法，打造出一条独具魅力的道路景观。

为了保证交通的安全，交通标志的颜色和类型需统一。交通标志的颜色和类型需要精心设计，以便让司机清晰地看到前方的行人，并且能够缓解司机的视觉疲劳。

为了让行人更加安全地通行，分车绿带需精心划分，尽量与人行横道、停车场、大型商场以及人流密集的公共建筑的入口处形成有机的联系。

在人行道和交叉路口处，如果需要隔离机动车和非机动车，就必须在这些区域内种植通风良好的乔灌木。这类乔灌木可以让汽车和行人都能够轻松观察周围的环境，从而保证交通的畅通。

在穿越人行横道的路段，应避开绿化区域，因为它会阻挡行人和司机的视野。相反，应该在路边建造一些小型的景观，比如草地、树丛等。

1. 中央分车绿带的植物造景

中央分车绿带的种植形式有以下几种。

（1）绿篱式

对绿带内密植常绿树进行整形修剪，使其保持一定的高度和形状，可修剪成有高低变化的形状，或用不同种类的树木间隔片植。这种形式栽植宽度大，行人难以穿越，而且由于树间没有间隔，杂草少，管理容易，适于车速不高的非主要交通干道上。

（2）整形式

树木按固定的间隔排列，有整齐划一的美感，但路段过长会给人一种单调的感觉；可采用改变树木种类、树木高度或株距等方法丰富景观效果。这是目前使用最普遍的方式，可以采用同一种类单株等距种植或片状种植，也可采用不同种类单株间隔种植，或用不同种类间隔片植。

（3）图案式

将树木或绿篱修剪成几何图案，整齐美观，但需经常修剪，养护管理要求高。可在园林景观路、风景区游览路使用。

实际上，目前我国在中央分车绿带中种植乔木的地区很多，原因是我国大部分地区夏季炎热，需考虑遮阴，而且目前我国城市中机动车车速不高，树木对驾驶员的视觉影响较小。

2. 两侧分车绿带的植物造景

分车绿带的宽度在 1.5 ~ 2.5 m，一般应采取多样化的植物搭建，包括灌木、地被植物、草坪等，同时还应考虑树冠的美化，比如常绿树，应该采取更多的措施来提升树冠的美感，使得树冠更加丰富，更有层次感。当绿化区域的面积超过 2.5 m^2，应该选择结合乔木、灌木、常青树、绿篱、草地以及各类花朵的多样化布局，以达到更加美丽的视觉效果。

（三）交通岛绿地的植物造景

交通岛是一种特殊的岛屿结构，它位于城市交通枢纽，旨在疏导和指挥交通，以便让车辆能按照规定的路线行驶，并且能有效地限制车辆的行驶速度，同时也可以装饰街道。

通过对交通岛绿地的合理布局，中心岛、导向岛和安全岛的绿地将成为一个完整的景观系统，它们的存在将有助于提升交通岛的视觉效果，尤其是在恶劣的天气条件下，如雪、雾、雨等，更能够弥补交通标志的不足。

1. 中心岛

中心岛被广泛应用于道路交会处，可以帮助人们快速、安全地穿过道路，并且将两个相互独立的道路连接起来。它们的外观可以采取各种不同的造型，如圆柱体、卵形、正方体、菱形等。

在中心岛的周围，许多道路绿地都设计得非常漂亮。但是，中心岛周围应尽量避开使用高耸的树，而是选择那些能够提供良好视觉效果的树，比如常青树和矮树。这样可以让驾驶者更加轻松地驾驶车辆，避免因为树太密而导致交通拥堵。一般来说，中心岛的景观设计应该是由多个植物构成的，包括草坪、花坛、低矮的常绿灌木、精心打造的图案花坛、精心修剪的绿篱、精美的乔木，这些植物和建筑的搭配营造丰富的空间氛围，使中心岛更具有观赏性和休闲性，同时也能满足居民的出行需求。

由于中心岛地理位置的优越，经常有人和汽车经过，因此其已成为城市的重要风景。在打造中心岛时，应将周围的雕像、街头指示牌、组合灯塔、立体花园等结合起来，来展示城市的形象。同时，中心岛的尺寸和高度也应该保持一致。

2. 安全岛

在繁忙的城市街道，为了让行人能够更好地避开交通拥堵，必须将安全岛建立起来。安全岛不仅是放置于街边，还可以根据不同的环境特征，打造街边风景，比如杭州杨公堤的安全岛，采取绿色的植物覆盖，种植红枫、胡颓子、五针松等，四季的绿色美景，营造出一片美丽的城市风光。

3. 导向岛

导向岛是一种重要的交通设施，它能够帮助司机更好地确认行驶的方向，确保安全。导向岛的绿化通常包括草地、花园和地面植物，应避免影响司机的视野。

（四）交叉口的植物造景

交叉口的绿化可以分为平面和立体两种类型。

1. 平面交叉口绿地

为确保驾驶者的安全，当驾驶者驶过交通要塞的拐弯处时，应留出足够的视野，以便及早观察前方的情况，及时采取措施，避免交通事故的发生。此外，还应留足刹车距离，确保人们的安全。通过测量两条相邻的车辆之间的最小间隔，设计者可以将平面交叉口划分为一个三角形。在这个三角形中，必须保证没有障碍，如建筑、桥梁、树木等。同时，确保平面交叉口绿地高度小于 0.7 m，在确保交通安全的前提下，应当考虑车辆的最高时速、斜率和路况，通常应将车辆的安全视野设置在 30 ~ 35 m。

2. 立体交叉口绿地

当两条高速公路和一条普通的街道相交并且它们并非处于同一个水平线时，就需要使用立体交通系统。如果两条道路并非同一个水平线，那么它们之间的距离就会变得更长。通过采用立体交叉技术，两条道路的汽车能够以各自的方式相对独立，避免相互影响，从而确保驾驶的高效性和安全性。

植物造景设计应该考虑交叉路口的交通需求，以确保交叉路口的交通流畅。为了更好地体现这些需求，我们应该设计出符合交叉路口的交通标识，并且有利于交叉路口的交通流。比如，可以在顺行交叉路口设置高大的树丛，而非矮小的树，以便更好地指挥交叉路口的交通。同时，还可以在弯道周边配置植物，以增加交叉路口的景观效果。为了确保驾驶者的安全，在拐弯处的路段上，要确保驾驶者的视野开阔，避免种植任何阻碍驾驶者视线的乔木或灌木。

在进行植物景观设计时，必须遵循道路的总体规划，并且与周边的建筑、广场等环境融为一体。在这个过程中，我们需要充分利用植物的生长潜能，使其能够在短时间内给人们带来美好的感受。同时，我们还需要使用大面积的颜色营造一个简单而醒目的环境，使其能够与立交桥的壮丽风貌相得益彰。在选择植被的过程中，要综合考虑它们的实际作用以及美化环境，并且根据季节的变化，精心挑选出合适的种类，如常青、落叶、速生、乔木、灌丛、花卉等。

为了改善匝道周围的环境，设计者可在桥的底部到非机动车道的路段，建立一个挡土墙，让这些区域的环境得到改善。此外，还可建立一个台阶状的植物区，在这些区域的边缘，种一些较为稀疏的树枝、灌木，让它们能够更好地指引交通方向。

第五章 植物景观设计的表现方法

第一节 植物景观表现内容

通过对植物景观设计的深入研究，我们可以为植物景观设计创作出更加精致的平面构图，并让空间更加丰富多彩。

一、植物空间的类型

空间感是一种复杂的概念，它可以通过地面、垂直面和顶平面的组合来表现，可以是明显的，也可以是隐藏的。在植物景观的三维空间中，植物的形态和特征可以为空间带来多样的变化，让人们体验到不一样的空间感受。

（一）封闭空间

植物景观的封闭空间可以用来营造一种氛围，它通过植物的密集排列营造出一个特殊的环境，例如，绿篱、小乔木等植物将上部空间围合，形成一个较为封闭的环境，这种环境具有良好的隐私性，让人们能够感受较强的隔离感。这时视野变窄，视线受到限制，近景的吸引力大大增强，景色让人感受到温暖，整个空间变得宁静而安全。

在小庭院的植物景观布局上，封闭空间被广泛应用，比如放置一些可供休息的座位，再加上一些装饰性的花卉，让整个庭院充满了活力与美感。由于它的隐蔽性，极易吸引那些想要放松身心、享受宁静的人。如果人待在里面太久，也容易产生视觉疲劳。此外，这种空间不适合广场等公共区域，因为广场有着重要的社会意义，过度的私密感会影响到其作为一个公共区域的形象。

（二）半开敞空间

半开敞空间的特点是空间的某些部分没有完全开放，其他部分则因为某些因素而受到遮蔽，从而影响空间的美观度。为了实现这种空间的美观，需要结合多种因素，如地貌、景观、建筑、绿化、景观灯、水景、空气流动、光照、温度等。半开敞空间有助于阻碍光照，改变空间的运行轨迹，实现“障景”的美学效果。许多城市公园、小区，就是按照这种方式进行设计。例如，通过在入口处布置一些装饰性的建筑，或种植绿色的植被来遮挡视线，让人们无法直接欣赏周围的景观，进入之后又有豁然开朗之感，实现“柳暗花明又一村”的美学效果。

（三）开敞空间

在园林景观设计中，开敞空间是指在一个宽敞的区域，其中的植物能够吸引人们的目光，让人们的视野得到无限的扩展，使人们的心情变得更加愉悦。与传统的封闭空间相比，开敞空间的视角更加开阔，人们的视觉感受更加舒适，更加清晰。这种开放式的空间，如在公共绿地、植物园等处，还可以看到宽阔的水面、草坪、山顶等，更加开阔的视野可以让人们感受到自由的快乐，甚至有一种异样的豪迈气概，而且开敞空间所具备的功能性也更加丰富。在开敞空间中，植物景观的外观、颜色、细节等都不够清晰，因此其吸引力较弱。

（四）覆盖空间

覆盖空间是指在建筑或其他公共区域中，由茂盛的树林或灌丛构建的区域。这些区域往往由高耸的常青乔木组成，它们可以在建筑内部营造舒适的环境。这种半公共性质的植被景观，往往让人产生强烈的错落有致的感觉。通常，打造覆盖空间会选择那些具有支撑性的高大乔木，这些树木树冠宽敞，支撑性强，而且具有很强的遮阳性，是人们休憩的理想场所。这种户外空间有两种：规则型和自然型。在广场上，一般会采取规则型的植被布局，而在滨水地区，更多的是采取自然型的方法来营造美丽的景色。另外，通过使用花架、拱门、木廊等结构，可以让攀缘植物在这些地方得到更好的发展，从而形成完美的绿色环境。

二、植物景观的质感变化

植物良好的外表特征对于其成为一道美丽的风景画至关重要。植物的颜色、纹理和光泽都会随着季节的变化而变化。当植物处于春、夏、秋这几个季节，植物景观的视觉效果以叶子为主，包括叶子的大小、密度、形状等，这些都会对整个景观产生重大影响。在冬季，植物的生长受到多种因素的影响，其中以植物的枝条为主，包括枝条的数量、形状和大小等。

无论是叶子的浓密稀疏、鲜亮暗淡，还是树干的光滑粗糙都能给人不同的质感。阔大的叶子形成的树冠显得比较粗糙，而细小、光洁、稠密的叶子形成的树冠则给人致密的质感，例如龟甲冬青和阔叶十大功劳的对比；色彩灰暗浓重、枝繁叶茂的林冠会让人产生厚重的感觉，而色彩素淡亮丽、枝叶稀疏的林冠则会让人有一种轻柔的感觉；叶子粗大、质厚、多毛的植物显得粗糙厚重，而叶子细小、质薄、光洁的树木则显得细腻轻盈。

植物的特点多种多样，有比较精致的，也有比较粗犷的。设计者可以通过使用透视原理，将不同特点的植物放置于不同的位置，例如，将粗犷的植物放置于精致的植物之后，将柔美的植物放置于刚直的植物之后，这样能让观者有一种视觉的错觉，使空间的景深变得更加宽阔，增强空间的延伸感。

三、植物景观的季相变化

古代的中国人早就开始利用植物季相变化的规律来进行景观设计。扬州个园的假山就凸显了这一点：①入口处种满了翠绿的竹子，竹子之间摆放着各种形状的石头，犹如一场春雨过后，竹子突然冒芽，蓬勃发展。②夏山坐落在这座公园的西北部，与山楼毗邻。这里有着葱郁的树木，还有睡莲和荷花。整座山由太湖石组成，形似一座山丘，周围有清澈的小河流，给人一种清新宁静的感觉。③沿着夏山的嶝路，经七座山峰，穿过楼阁和回旋路，便能抵达位于山顶的黄石山。山谷里，红色的枫树蔓延，弯弯的树干和山峰形态完美地融合在一起，而那些高耸的古树则矗立在石隙之间，绿油油的树皮和深棕色的山石形成了鲜明的对比。④走进“透风漏月”，一片石头景观映入眼帘，由宣石拼接而成的冬景，点点的梅花和冷冽的石头构筑出一幅完美的画卷。个园在植物配置上，春季的景观由竹子点缀，夏季的景观由松树点缀，秋季的景观由柏树点缀，冬季的景观由梅花点缀，营造出一种别具一格的氛围。

颜色对于植物的季节性变化至关重要，从花朵、果实、叶子到枝条，在不同的季节往往有不同的颜色。比如，一棵柳树刚刚长出来的嫩芽呈现翠绿的颜色，夏季会转换为深翠的颜色，秋季会转换为浅黄的颜色，直到枯萎，来年再次开始新的轮回。又如，红叶李的树皮呈现深沉的紫罗兰色，而红枫则是火红的，银杏树则是在春夏季节变得翠绿，在秋天变成了金黄。

四、植物景观与光影的关系

光给我们带来的美好体验，也激发着我们去探索大自然的奥妙。光的存在，使我们能够从各种角度欣赏大自然的美丽。光经过层层介质的穿透、遮挡后，形成了不同的光影变幻。植物的某些部位因其独有的结构而能够通过某种方式来感受到光线的照射。比如，植物的叶子和花朵非常细小，具有较高的透明度，表面也有着各种各样的纹理，在阳光照射下，正反两面的表面呈现完全不同的颜色。通常，那些拥有更厚重的叶片和更少的枝条的植物，因具有良好的散射能力，通常显得更加绚丽夺目。

要想创造出美妙的光影，要具备三个基本要求：①阳光、月光或灯光等；②产生阴影的植物；③承受阴影的载体。通常来说，稀疏的树林、单独的乔木以及树林中的小型建筑，都能够为创作美妙的光影作品提供理想的场所。当物品表面存在阴影的时候，根据阴影的形状、大小和观察角度的不同，在观察者眼中可能形成独特的景象。而且，当物品表面的灰尘、周围的杂物、照射光线等条件发生变化，阴影的形态也会发生变化。要想让光线与阴影的效果达到最佳，我们必须进行精确的控制。因此在设计中，我们必须注意不同的物品和周边环境的细微变化，才能保证准确传达景观的设计意图。

早在宋代，著名词人张先就有“柳径无人，坠絮飞无影”“帘栊卷花影”“云破月来花弄影”的绝妙好词，也称“张三影”，而“疏影横斜水清浅，暗香浮动月黄昏”则是与他同时代的文学家林逋的经典咏梅诗，这些诗词都将自然界的美丽和光线完美地融合在一起，为人们带来了另一种风情的视觉盛宴。江南园林也依然能够让人感受到植物景观的光影变化，比如粉墙弄影，通过太阳光或月光的照射，将树木和岩石的形状投射到粉墙上，微风吹过，光线移动，就形成了一幅生机勃勃的“坐对当窗木，看移三面阴”的图像。

第二节　植物景观表现技法概论

研究古代中国的园林设计，可发现大部分作品都是通过植物来展示的，而不是通过其他的艺术手法。这些作品通常是通过培育花卉、树木、草坪等来呈现的。古代的山水画和园林作品大多是通过鸟瞰来展示的，这也是它们独有的艺术魅力。中国古代的绘画使用了多种不同的颜料，并通过不同颜色的渲染来呈现其独特的魅力。

一、植物景观设计表现技法历史发展

（一）初始阶段

《诗经·大雅·灵台》中描述的灵囿中挖池筑台，池沼中蒲苇茂盛，鱼跃鸟飞，岸边有鹿群遨游，草木繁茂，一派繁荣的景象，更是彰显了中国古人对自然资源的珍视。灵囿颇似早期的畜牧场，实质上是帝王的狩猎园。灵囿是中国古典园林的雏形和滥觞，也是有文字记载的最早园林。当时的园林设计仅是将美丽的地方围起来，而没有进行深入的规划和设计，因此，当时的园林设计还没有形成完整的体系。

两汉时期的园林建筑颇具特色。帝王苑囿不仅可以提供给皇帝们休闲娱乐，还可以举行朝廷礼式和管治朝政。敦煌莫高窟的窟室和李容瑾的《汉苑图》展示了当时的建筑技术和景观，这些作品表明当时的建筑工艺和景观都达到了相当高的水准。

（二）发展阶段

1. 魏晋南北朝

在六朝时期，由于政治混乱和战争不断，人民渴望获得安宁，这就促使他们开始接受和信仰宗教。当时，宗教画作占据着主导地位，而贵族人群则更加热衷于欣

赏和享受大自然的风景，这使得文人的山水画不再受到传统的束缚，而形成一个独特的艺术类别。

2. 隋唐时期

随着隋朝的统治和繁荣，隋炀帝广泛建造宫殿和园林，其选址往往位于山脉和河流的交汇处，环境优美，所以创作出许多展现自然美的建筑作品。

隋唐时期，山水园林迅速崛起，由此带来了一股新的活力。当时，造园师、文学家和书画大师们联袂将古典诗词和书籍中的精髓融入园林设计中，将其中的美感融入建筑物的设计中，使得中国的山水园林技艺不断提升，最终达到了一个新的高度。

荆浩和董源两位画家的风格对园林设计的发展产生了一定的影响。荆浩的构图技巧独树一帜，他的《匡庐图》以其上留天、下留地的特点，使得画面既空灵又充实，山峰高耸，流泉飞瀑，动静相间，“江流天地外”与“山色有无中”相映成趣，令人叹为观止。两株高耸的松树屹立在画面的右下角，它们的枝叶繁茂，使得整个画面更加精致，不会显得空荡荡。荆浩出身于北方，因此他所描绘的树木以楸桐椿栎、榆柳桑槐等为主，曲折中透出坚定。

董源是一位杰出的艺术家，他的作品以其精湛的技巧和独特的视角闻名于世。他擅长描绘各种植被，特别是那些繁茂的大乔木，其作品具有浓郁的艺术气息，深受观者的喜爱。

3. 两宋时期

李成的“萧条淡泊”被认为是北宋时期的一种艺术风格，《绘画见闻志》认为“景象萧疏，烟林清旷”更能体现出“烟岚轻动”“秀气可掬”的优雅，这种风格的出现，使得“烟岚轻动”“秀气可掬”更加贴近北宋的审美观念。“萧条淡泊”强调的是艺术的精髓，更加注重艺术的实用性，因此，“萧条淡泊”的精髓并未能完全体现出宋朝的时尚。

南宋时朝廷偏安一隅，处于风雨飘摇之中，朝野的审美风气为之一变，小幅画的创作风靡一时，反映在山水画中。不同于隋唐北宋在整体气势上追求宏观效果，南宋时期更注重笔墨表现的局部韵律，这也反映在园林建设等审美情趣中。这一时代的标志画家是“南宋四大家”的李唐、刘松年、马远和夏圭。在构图上，南宋以前山水画的章法以中心为主，重要的景物都在画面中轴线上，典型如巨然《秋山问道图》；之后李唐之徒萧照将中轴线改为中分线，主体景物或在左边，或在右边，如《山腰楼观图》；马远则把中分线改为对角线，一幅图虽然只有一个中心，却有两个边缘，更有四个角隅，章法从一而二，从二而四，这如同传统哲学中的“太极生两仪，两仪生四象”。这种创新，在刘松年的时候有些端倪，马远、夏圭是集大成者。所以，马远号称“马一角”，夏圭号称“夏半边”。“一角”“半边”的处理方式非常适合表现小幅写意作品，对于大幅长卷、全景式山水，则存在比较大的困难，易造成简单的拼接，琐碎而难成一气。

（三）成熟阶段

元明清时代，我国的园林发展到一定的高度，在保留两宋精髓的同时也形成自己的风格。在此阶段，官府采取的政治压迫和社会秩序的改变，使得皇室的宫廷景观变得越来越豪华，同时，文化的发展，使得那个阶段的园林艺术得到极大的提升。江南地区的经济繁荣，而且地理位置优越，江南地区的艺术大师通常来自当地，他们的作品也受到了广泛的欢迎。

“衡山居士”文徵明是一位来自湖南衡山的艺术家，曾受沈周的指导。沈周善画山水，而文徵明则更善画山水。这种艺术风格的形成，很可能是由于文徵明的家庭背景以及对艺术的独特理解。

文徵明晚年画的《真赏斋图》，画面的左侧，一块精致的太湖石，犹如一块宝石，完美地镶嵌在画面的一半。石面上，满布着淡淡的苔藓，而画面的右侧，则是一座精美的草堂，两株苍劲的梧桐，展现出一派宁静的景象；两个老者静静地坐在草堂里，一个小孩站在一侧，神态悠然，画面宁静而又美好。尽管场景丰富多彩，却没有过于喧嚣，给人以宁静的感觉。作者注意增加场景的结构性，让它看起来更加有条理。树木通常都呈直线状，没有太多弯弯曲曲的地方，作者倾向于避免使用陡峭的山坡或者斜坡。

康乾盛世，清朝的文化发展迅速，园林建筑和雕塑技法更加精湛，北京和扬州的宫殿建筑更加宏伟壮丽，其内涵和表现手法更加丰富，更加引人注目。“扬州八怪”的兴起，推动了扬州地区商业经济的腾飞，并引领着一股全新的文化风尚。这种风尚的特点是，宫殿园林的建筑风格多以样式雷的方式呈现，而植被则多以远眺、平视、深视的方式呈现，并且还会出现一些与植被相关的平面画。虽然以往的风格多以建筑形态呈现，而在这一时期，这种风格的应用却已经渗入植被景观设计之中。

二、植物景观设计表现技法应用现状

（一）手绘

目前，手绘由于技法工具的不同，可以分为马克笔、彩铅、水彩、水粉、水墨等。其中植物景观设计表现方式侧重于马克笔、彩铅、水彩，所以将着重介绍。水粉的使用程度较前三者有所不及；水墨是中国历代以来必不可少的绘画方式，而且经常以山水植物作为题材，因此对水粉和水墨也稍作介绍。在绘制植物景观图时，图形的焦点变成了树木和灌木丛，建筑物的轮廓和阴影退居其次。在立面图和剖面图设计中，选择线性厚薄的依据是物体的视觉深度，较粗的线和物体的轮廓线往往随物体的深度改变而改变。

1. 马克笔

马克笔是一种快速表达设计效果的工具。它的优点包括易用、快捷和艺术性，颜色鲜艳且稳定，能够在纸上多次涂抹。它是一种高效、简单的渲染工具。马克笔因其独特的笔触和鲜明的色彩，成为创作者最理想的工具。它的独特性质是其他绘画工具无法比拟的。

在绘画作品中，马克笔笔触的细节和精确度令人惊叹，它的笔触可以清晰地捕捉到各种景物的细微变化，这也是它与众不同之处。

但马克笔仍然存在一些缺点。第一，尽管其笔触的细节和精度够好，但并不能完美地捕捉到细腻的细节。因此，在绘制植物、景观、天空时，通常会使用更加精细的颜料，甚至可能会使用一些留白。第二，马克笔通常仅提供单向的遮挡效果。因此，使用这种工具来控制图像的质量非常困难。第三，由于其尺寸和涂抹方式的局限，这种工具并不太适宜进行广泛的绘图。第四，无法限定和保持清晰的边缘，需用墨线强化形体的轮廓。此外，马克笔表现材质的能力较弱，例如表面粗糙材质或过渡灯光就需要彩铅来弥补。马克笔的色彩不易调和，在调和叠加的时候还需注意用笔的轻重、缓急。

2. 铅笔

铅笔按性质和用途可分为石墨铅笔、颜色铅笔、特种铅笔三类，跟绘图有关的铅笔则有炭画铅笔、晒图铅笔、水彩铅笔和粉彩铅笔。①炭画铅笔：又称碳素铅笔，铅芯由黏土、木炭粉、炭黑等制成，用于绘画、油画打底。②晒图铅笔：又称描图铅笔，石墨铅芯用油溶蜡红等红色染料处理，以起遮光作用，用于绘图后直接晒图。③水彩铅笔：铅芯中加有水溶性酸性大红等酸性染料，铅芯沾水时如同水彩颜料，用于相片着色、写生、绘制地图、统计图表等。④粉彩铅笔：铅芯用颜料及多孔柔软的原料（如碳酸钙）制成，不含油脂和蜡类，其硬度和书写手感类似粉笔。彩铅是一种常见的绘图工具，它不仅能够轻松地绘制图案，而且颜色鲜艳，能够迅速地捕捉图像的细节。它是城市规划、建筑和园林绿化设计的重要工具，是绘制图案的理想材料。

彩铅的色调柔和而细腻，容易掌握，但是不够鲜明，因此通常被用来作为辅助手段，帮助描绘细节，增强颜色的对比度和整体感。例如，在绘制植物时，为了突出它们的立体感和重点，一般会在最后阶段使用彩铅进行细节描绘。为了增强画面的层次感和颜色的丰富性，我们通常会在描绘大面积的景象时留出一定的空间。这样，我们就可以使用彩铅来过渡不同的颜色。如果整个画面的颜色不够统一，我们可以使用主色调的彩铅来增强整体的效果。彩铅具有细腻的质感，因此能够很好地描绘出各种粗糙的物体，如砖瓦、石块、木材等。

3. 水彩

水彩的概念源于一种用水来创作画的艺术风格。它的两个主要特点：一个是颜料的清澈度，另一个则是水的流动。通过控制水的不同用量，水彩能够创造出丰富多样的艺术感受，呈现一种令人惊叹的、充满活力的艺术氛围。

王肇民教授指出，在绘制作品中，颜色的多少会影响作品的对比性，多了会显得弱，少了会显得强，显得有力。因此，第一，要特别关注颜色的使用，比如在绘制大型的水景、天空和草坪的作品中，要使用较为柔和的颜色，而在较为明亮的部分，可以使颜色更加鲜艳，从而达到更好的效果；第二，通过使用清新的颜料来展现场景的真实性，营造出视觉上的焦点、力量和立体感，并且尽量减少使用的水分。使用明快的颜色来强调照明的优势，并使用更加柔和的浅色来表现细节。

4. 水粉

水粉画与水彩画主要的区别在于使用的材料差异。前者通常更偏透明，而后者通常较不透明且覆盖力更好一些。当用偏透明的的水粉绘画时，它的色调会接近水彩，而当用更不透明的水粉绘画时，它的色调会接近油画的浓郁。

5. 水墨

水墨作品一直受到中国传统的山水画的影响，特别是那些以自然景观为主题的作品。王维是唐代水墨山水画的杰出代表，他运用水墨技法，将多种颜色融合，形成简洁的、富有节奏感的艺术效果。这种独特的理念，如完整的结构、强弱的对比弱、丰富的色彩等，对于创作出具有感染力的自然风格的植被景观具有重要的指导作用。

（二）电脑制图

过去，人们通常会利用手动的工具如铅笔、直线笔或者三棱镜进行绘画。随着科学的进步，这种传统的绘画方法正在被改进。如今，电子设备已被普遍地运用于不同的行业。

相比于手绘，电脑制图具有显著的优势：①培训时间更短，仅需几个月的时间就能掌握；②植物的可辨识性更强，不受纸张尺寸、植物形状及绘图者自身理解能力的限制；③电脑制图可以大大提高树木的识别率，尤其是那些叶子较小、树冠浓密的植物，如苏铁、鸡蛋花、鸡爪槭、银杏等；④电脑制图可以更容易地进行文本修订、整编和制作，从而更好地展示风格的统一性和专业性，同时还可以提供更高的尺寸比例，使其在初期设计和施工图设计阶段更加实用。

由于不同的电脑制图软件具备不同的功能，使得在植物景观设计中，可以使用的绘图工具种类丰富，其中包括 AutoCAD、Photoshop、Sketch Up、3d Max 以及其他专业的三维建模渲染和制作工具。

1.AutoCAD

CAD（computer aided design，计算机辅助设计），由欧特克公司开发，它可以通过计算机和相关的图形设备，为设计师提供更加高效、准确的设计服务。

AutoCAD 被认为是一款卓越的二维、三维绘画工具，可以轻松创造复杂的三维空间，并能够提供准确的三维结构，同时，由于其不需要复杂的系统配置，AutoCAD 被普遍运用于世界各地的机械、建筑、航空、航天、电子、信息、通信、物流、汽车等领域。

AutoCAD 的出现大大提升了人们的工作效率和经济效益，它不仅可以让人们免去烦琐的手工绘图，还能提供高质量的图纸，使得工作变得更加高效、便捷。

AutoCAD 强大的复制功能为建筑行业带来了巨大的改变，它不仅节省了许多人力物力，还可以降低建筑行业的开发成本，从而极大地提升建筑行业的整体水平。由于植物景观设计往往处于全部环节的末尾，所需的制作周期也相对更长。为了有效地实现植物景观的规划，除了需要精心编写的总体构思外，更需要精细地绘制每一处细微的结构，包括平面、立体、剖面、效果图等，这些都是极具挑战性的任务。因此，采用 AutoCAD 技术，将所有的细微构思都精准地重新编辑，将会极大地减少耗费的时间。

通常来说，AutoCAD 在施工图设计阶段以外，在其他设计阶段都处于基础地位，为其他软件提供精确的底图，起到前期制作的作用。例如，在鸟瞰图设计中，通常采用 AutoCAD—3d Max—Photoshop 的一体化模式。通过 AutoCAD，用户可以获得精确的平面图，并将其转换为 3d Max，用于建立模型、调整灯光和渲染气氛。此外，用户还可以将初步构建的空间框架转换为 Photoshop，并对其进行贴图处理。

在创建和输出平面图时，必须特别注意两个方面：①必须精确地划分图层，并且使用一个通用的命名方式，以便自己和其他人查询或者有选择地关闭图层。②重视视口的应用。

通过调整和固定视口的比例，可以有效地减少由于放大缩小而造成的重复工作。此外，建立视口还能避免由于平面图的过度复制而导致的系统性能下降，从而节省缓存空间。另外，无论是哪种类型的图纸，只要在模型中对总体平面图进行修正，就可以实现无缝的视口操作。

2.Photoshop

Photoshop 由美国 Adobe（奥多比）公司开发，它的优势在于其高级性，其功能非常全面，包括图片编辑、合并、颜色校正以及各种特殊的视觉效果。

图像编辑技术为图像处理提供了重要的工具，能够实现多种不同的操作，包括镜像、透明度、旋转、偏移、扩展和减少，还能够用来创建、修正、消除噪声和改善图片的缺陷。

通过 Photoshop 的绘图工具，可以将多幅图像经过精心的图层合并和处理，以达到更加清晰、准确的效果，从而实现创意与图像的完美结合。

Photoshop 的校色调色是一项重要的技术，它可以帮助用户调整和校正图像的颜色，还可以根据不同的应用场景，如印刷、多媒体、网页设计等，实现图像的精确调整。

Photoshop 是一种专业的特效制作工具，它能够为艺术家提供各种传统艺术形式，例如油画、浮雕、石膏画、素描等，并为观众带来独特的视觉效果。

Photoshop 会对数据进行后期加工，因此，其他软件也会参与其中。比如，制作彩绘平面图，可以使用 AutoCAD 制作出原始的黑白背景，接着将其转换为 Photoshop 可视化，从而实现彩绘效果，也可以制作出精美的分析图。通过采取 Photoshop 技术，使用者能够大幅度提高效率，并且实现更加完善的视觉效果。例如，当我们需要创造出更加逼真的效果图或鸟瞰图时，我们能够通过减少建模的复杂性、简化灯光设定、减少位图贴图等操作，获得更加精美的平面图形，降低计算机硬件的负担，从而让设计师能够更轻松、更愉悦地完成任务。

使用 Photoshop 后期处理，我们能够创建出具有多种元素的植物景观模拟图，包括树木、花卉、动物、交通工具等。这些元素不仅能为后期处理提供更多的细节，还能为整个场景带来更多的立体感和色彩对比。

3.Sketch Up

Sketch Up，也被誉为“草图大师”，它是一款全球领先的 3D（三维）模拟技术，专门针对美国的建筑行业而研制，它不仅可以帮助建筑师更加迅捷地完善他们的想法，还可以让他们更加轻松地制定出完美的建筑草图和方案。Sketch Up 利用其独特的铅笔绘制技术，能够迅速创造、展现、修饰三维建筑物，还能够生成精准的 2D（二维）向量文本，如透视图，以及其他大小合适的三维空间表现。

Sketch Up 有以下优点：①采取全新的视角，让设计者能够更轻松地完成他们的创意，而且每一步都能够更新和完善，从而有效地提高设计的精确度。②采取全新的操作流程，操作指南更为清晰，操作更为容易，更为轻松。③通过引入先进的三维技术，使得建筑设计、室内设计等领域的每一个环节，无论从哪个角度来看，都能够得到逼真的仿真结果，从而使得设计师能够更加轻松地沟通，实现更高的质量。④通过使用该软件，能够创建出各种不同的表现，包括 2D 和 3D 模型，从而创造出一种仿佛是钢笔涂鸦般的美感，同时也能够更加轻松地进行沟通和展现。⑤能够制作出各种不同的剖面，甚至是一种具备展示功能的动态影像。⑥通过使用这种技术，可以更精确地测量和描述建筑物的位置和周围环境，同时还可以通过实景拍摄和动态展现，更好地理解和描述阴影的变化。

4.3d Max

3d Max 是一款强大的建模软件，它可以提供逼真的角色动画，并且与其他软件的配合也非常流畅，此外，它还能提供了丰富的插件。3d Max 是目前非常受欢迎的一款建模工具。

3d Max 和 Sketch Up 是两种常见的工具，它们可以帮助设计师创建出逼真的效果图和鸟瞰图，而且它们还可以用于环境艺术、园林设计以及其他各种场景的创建。3d Max 具有出色的细节处理能力，但是运行速度较慢，因此更适用于较小的场景。不过它能够与其他软件结合，在植物景观设计方面效果较好。

3d Max 可以为植物景观提供多种建模选项，包括直接建模、通过 Auto CAD 建模、将模型直接导出至 3d Max 等。它可以帮助设计师更好地理解和控制植物的生长和发育过程，从而提高设计效果。

3d Max 拥有强大的材质编辑功能，它可以根据需要对材质进行多种编辑，包括从属性库中提取属性，以及通过位图文件对材质进行精确的贴图，以满足不同的需求。

3d Max 可以模拟各种自然光源，包括室内和户外，而且它还可以创造出阴影效果。它利用光源位图来控制阴影，从而让室内外的光线氛围变得更加逼真，但是，由于它的高精度，计算机的渲染速度可能会受到一定的限制。

3d Max 可以帮助我们创建出一个具有浓厚氛围的背景，它可以在材料编辑对话框中定义背景，还可以根据需要将它们分配给环境。此外，3d Max 还具备对场景的最终渲染控制功能，只需要点击工具栏中的渲染命令，并且确定所有的参数，最后按下 Render（渲染）按钮，就可以创建出一张渲染图。3d Max 拥有多种环境参数，包括雨天、雾天等，它们能够为效果图创造出完美的氛围，让用户体验到最佳的视觉效果。

参考文献

[1] 陈伟丽.北京市居住小区植物景观设计研究[D].保定：河北大学，2017.

[2] 丛林林，韩冬.园林景观设计与表现[M].北京：中国青年出版社，2016.

[3] 徐岭.小区园林绿化景观设计原则方法与植物多样性探索[J].现代园艺，2014(4)：120-121.

[4] 董美玉.植物景观设计要点与方法[J].商品与质量，2020(19)：87.

[5] 樊佳奇.城市景观设计研究[M].长春：吉林大学出版社，2020.

[6] 高卿.景观设计[M].重庆：重庆大学出版社，2018.

[7] 顾小玲.景观植物设计[M].上海：上海人民美术出版社，2017.

[8] 郭融.植物生态学原理与景观设计前沿[J].当代旅游：下旬刊，2018(5)：266.

[9] 黄山.园林景观设计中植物造景探究[J].佛山陶瓷，2022，32(9)：161-163.

[10] 黄秀宾.居住区的植物景观设计浅析[J].南方农业，2020，14(33)：70-72.

[11] 蒋延华.园林景观技法与表现研究[J].建筑结构，2021，51(19)：139.

[12] 刘彦红.植物景观设计[M].武汉：武汉大学出版社，2017.

[13] 陆静，郭庆.低碳理念的城市道路植物景观设计[J].现代园艺，2020，43(16)：77-78.

[14] 马晓雯，肖妮.景观植物造景设计原理[M].沈阳：东北大学出版社，2016.

[15] 马毓萍.城市住宅小区园林景观的设计要点与植物配置[J].建材与装饰，2016(37)：57.

[16] 闵宪梅.园林植物景观设计策略创新探索[J].环境工程，2022，40(3)：247.

[17] 牟羽慧.植物景观设计的美学原理及运用探析[J].现代园艺，2017(8)：68.

[18] 宋琳.植物造景在城市景观设计中的价值及实践[J].城市开发，2022(8)：78-79.

[19] 孙成东.现代城市环境中园林植物设计的重要性解析[J].现代园艺，2019(14)：129-130.

[20] 覃颖逢.基于需求层次理论的公园植物景观设计思路研究[D].深圳：深圳大学，2019.

[21] 滕爱萍.地域文化视角下吉林省植物景观设计研究[D].长春：吉林建筑大学，2019.

[22] 涂文军.探究园林植物在景观设计中的应用[J].花卉，2018(16)：130-131.

[23] 万娜.环境设计与植物景观的艺术表现[J].艺术品鉴，2015(5)：18.

[24] 王葆华，王璐艳.环境景观植物与设计[M].武汉：华中科技大学出版社，2018.

[25] 王江萍.城市景观规划设计[M].武汉：武汉大学出版社，2020.

[26] 谢安德，毛立彦，於艳萍.园林景观设计中植物造景的应用探讨[J].低碳世界，2018(5)：146-147.

[27] 杨眉.景观植物辨识与设计[M].西安：西安交通大学出版社，2019.

[28] 杨琬莹.园林植物景观设计新探[M].北京：北京工业大学出版社，2020.

[29] 叶炜欣.植物造景在现代园林景观设计中的应用探究[J].新材料·新装饰，2022，4(22)：45-47.

[30] 尹秋实，黄晶，高柳. 园林植物景观设计与营造[J]. 百科论坛电子杂志，2021(19)：1797.

[31] 于萍兰. 植物造景在园林景观设计中的作用及表现方法[J]. 建筑工程技术与设计，2017(17)：3922.

[32] 袁文学，叶瑜. 景观设计表现技法[M]. 合肥：合肥工业大学出版社，2016.

[33] 张文婷，王子邦. 园林植物景观设计[M]. 西安：西安交通大学出版社，2020.

[34] 赵朋. 城市带状滨水绿地植物景观设计若干问题研究[D]. 聊城：聊城大学，2017.

[35] 刘媛媛，蔺银鼎，李晓利，等. 园林植物景观设计与营造的生态稳定性问题[J]. 山西农业大学学报(社会科学版)，2015，13(12)：1287-1291.